# SONT-ILS DÉJÀ LÀ ?

DU MÊME AUTEUR

*Enquête sur l'existence d'êtres célestes et cosmiques*,
Filipacchi, Paris, 1994.

GILDAS BOURDAIS

# SONT-ILS DÉJÀ LÀ ?

## EXTRATERRESTRES :
## L'AFFAIRE ROSWELL

PRESSES DU CHÂTELET

Si vous souhaitez recevoir notre catalogue
et être tenu au courant de nos publications,
envoyez vos nom et adresse, en citant ce
livre, aux Presses du Châtelet,
13, rue Chapon, 75003 Paris.
Et, pour le Canada, à
Édipresse Inc., 945, avenue Beaumont,
Montréal, Québec, H3N 1W3.

ISBN 2-911217-04-7

# Introduction

Depuis quelques années, le débat, toujours aussi controversé, sur l'existence des ovnis s'est enrichi d'une nouvelle rumeur, de plus en plus insistante : l'armée américaine aurait récupéré secrètement, en juillet 1947, un ovni accidenté et ses occupants, près de la petite ville de Roswell, au Nouveau-Mexique.

Nombreux sont ceux pour qui une telle hypothèse relève de la mauvaise plaisanterie. Les « soucoupes volantes » ne sont-elles pas à ranger au rayon des élucubrations de journalistes à sensation, au côté des fantômes et des serpents de mer ? Ne sait-on pas que les voyages interstellaires sont impossibles, du fait de la limite infranchissable que constitue la vitesse de la lumière ? Et si, malgré cette énorme difficulté, des voyageurs cosmiques avaient atteint la Terre, comment croire qu'ils se seraient aussi piteusement écrasés à leur arrivée ? Comment imaginer, enfin, qu'on ait pu cacher pendant près de cinquante ans la découverte de l'engin accidenté et de cadavres ? Si de nombreux témoins dignes de foi, retrouvés depuis une quinzaine d'années par plusieurs équipes d'enquêteurs, sont formels, se peut-il qu'ils aient tous perdu la tête en même temps ?

Rappelons les faits. Le matin du 8 juillet 1947, le colonel Blanchard, commandant la base de bombardiers atomiques de Roswell, la seule unité de ce type à l'époque et donc unité d'élite de l'armée de l'air, envoie un communiqué de presse aux journaux et radios de Roswell annonçant la récupération d'un « disque volant » accidenté. Il faut préciser que l'on traversait alors la première vague d'observation de ces mystérieux disques, ou « soucoupes volantes », qui frappaient beaucoup les esprits. Cette nouvelle sensationnelle est rapidement publiée et suscite une avalanche d'appels téléphoniques. Or, elle est démentie le soir même par le général Ramey, commandant la région aérienne, depuis son bureau de Fort Worth, Texas, où il présente aux journalistes les débris d'un ballon-météo convoyés à la hâte par avion. L'officier responsable de cette méprise, le commandant Jesse Marcel, est présent, mais il ne dit mot. Le démenti est publié dans toute la presse dès le lendemain. L'histoire sera enterrée pendant trente ans.

L'affaire de l'incident de Roswell resurgit au début de l'année 1978 lorsque Jesse Marcel, alors à la retraite, affirme publiquement avoir bien récupéré des débris très étranges, provenant de l'explosion d'un engin de fabrication non humaine. Sa description précise des débris, à la fois extrêmement légers et résistants, est alors corroborée par d'autres témoignages, recueillis progressivement par les enquêteurs. En outre, l'histoire s'enrichit d'un nouveau volet, bien plus spectaculaire : sur un second site, proche du premier, aurait été récupéré un engin accidenté contenant des cadavres d'humanoïdes, et cela avant même la découverte du champ de débris. S'agit-il d'un engin de sauvetage ayant échappé à l'explosion d'un appareil plus important ?

Un premier livre paraît en 1980, puis de nouveaux témoins sont retrouvés. D'autres livres et rapports sont publiés dans les années 90 et l'affaire, reposant désormais sur plusieurs centaines de témoignages directs ou indirects (dont ceux de deux généraux en retraite), finit par faire assez de bruit, face au mutisme de l'armée, pour que le Congrès des États-Unis ouvre une enquête, au début de l'année 1994, à la demande d'un député du Nouveau-Mexique. Celle-ci est menée par le General Accounting Office (G.A.O.), sorte de Cour des comptes dépendant du pouvoir législatif.

L'armée de l'air, saisie par le G.A.O., réagit alors rapidement, monte sa propre enquête et la publie dès le mois de septembre, devançant ainsi celle du G.A.O. Selon ce rapport, l'armée a peut-être menti en avançant l'explication du ballon-météo, pour cacher non la récupération d'un ovni, mais celle d'un ballon ultra-secret, ou plutôt d'un assemblage de plusieurs ballons, appelé « Projet Mogul », à l'essai dans la région. But de l'opération : la mise au point d'un système de détection acoustique des futures explosions atomiques soviétiques. Ces trains de ballons avaient été lancés depuis le terrain de White Sands, à environ 140 km à l'ouest de Roswell.

Tient-on enfin une explication plausible du bizarre « incident » de Roswell ? La presse généraliste l'accepte sans difficulté. De leur côté, les ufologues (spécialistes de l'étude des ovnis) multiplient les critiques à l'encontre de ce rapport qui, selon eux, continue à cacher la vérité.

Les enquêteurs du G.A.O. n'apprécient guère le dossier des militaires, qui aurait dû leur être remis avant d'être publié. Ils poursuivent leur enquête, qui les conduit, en juillet 1995, à mettre en doute publiquement la thèse militaire, sans pour autant adopter celle de l'ovni écrasé. Le rapport, très laconique, formule ainsi leur opinion : « Le débat concernant ce qui s'est écrasé à Roswell continue. »

Le dernier épisode de l'affaire, et non le moins bizarre, a été la divulgation, au cours du printemps et de l'été 1995, d'un film acheté par un producteur anglais à un cameraman américain à la retraite, qui prétend avoir filmé pour le compte de l'armée l'ovni accidenté de Roswell et l'autopsie des cadavres. Ce cameraman aurait conservé plusieurs bobines originales non réclamées par l'armée, et se serait finalement décidé à les vendre, pressé par des problèmes d'argent. Ce film est-il authentique, ou faut-il y voir un outil de désinformation ? La question n'est toujours pas tranchée à ce jour.

# 1

# L'« incident » du 8 juillet 1947

## *L'étrange communiqué de la base de Roswell*

Le mardi 8 juillet 1947, en fin de matinée, la petite ville de Roswell, au Nouveau-Mexique, est le théâtre d'un événement insolite. Le lieutenant Walter Haut, chargé des relations publiques de la base aérienne du lieu, remet un communiqué de presse aux deux radios et aux deux journaux locaux, annonçant fièrement la découverte d'un « disque volant » accidenté.

Depuis quelques jours, les Américains sont intrigués par de nombreuses observations d'objets volants inconnus que l'on a tôt fait de baptiser « soucoupes volantes », ou « disques volants ». Ils sont souvent repérés par des pilotes, civils ou militaires. Un homme d'affaires, Kenneth Arnold, en a fait le 24 juin la première observation, largement médiatisée. L'excitation est montée au point que, sur certaines bases militaires, des chasseurs ont été maintenus en alerte le vendredi 4 juillet, jour de fête nationale, et pendant tout le week-end.

Les aviateurs de Roswell ne sont pas les premiers venus : ils ont la responsabilité des bombardiers atomiques – il n'en existe alors qu'une escadrille –, les fameux B-29 qui ont bombardé Hiroshima et Nagasaki deux ans plus tôt. C'est dire que le communiqué de presse de la base de Roswell, annonçant la récupération d'une soucoupe volante, ne passe pas inaperçu. Il est rapidement retransmis par téléphone et téléscripteur à travers le pays, annoncé par les radios et publié par les journaux.

Voici le contenu de cet étrange communiqué, tel qu'il a été publié dans le *San Francisco Chronicle* daté du 9 juillet : « Les nombreuses rumeurs concernant les disques volants sont devenues réalité hier : le bureau de renseignement du 509e groupe de bombardement de la huitième armée aérienne, à la base aérienne militaire de Roswell, a eu la chance d'entrer en possession d'un disque grâce à la coopération d'un fermier local et du bureau du shérif du comté de Chaves. L'objet volant a atterri sur un ranch près de Roswell la semaine dernière. Ne disposant pas du téléphone, le fermier a entreposé le disque en attendant de pouvoir prendre contact avec le shérif, qui a informé à son tour le commandant Jesse A. Marcel, du bureau de renseignements du 509e groupe de bombardement. Une action a été entreprise immédiatement, et le disque a été récupéré à la ferme. Il a été inspecté à la base aérienne militaire de Roswell, puis a été remis par le commandant Marcel aux autorités hiérarchiques. »

En début d'après-midi, le commandement de la huitième armée aérienne, à Fort Worth, annonce que l'objet va être acheminé par avion au centre d'études de Wright Field, dans l'Ohio, pour y être examiné.

Le journal du soir de Roswell, le *Daily Record*, annonce l'extraordinaire nouvelle en manchette de une : « L'armée de l'air capture une soucoupe volante dans un ranch de la région de Roswell. » On peut y lire un témoignage, celui de M. et Mme Dan Wilmot, « citoyens respectés et dignes de confiance ». Ceux-ci racontent avoir vu, le mercredi 2 juillet vers 21 h 50, un gros objet lumineux et silencieux traverser le ciel à grande vitesse, du sud-est vers le nord-ouest. L'observation n'a duré que quarante ou cinquante secondes. M. Wilmot a estimé son altitude à environ 500 m, sa vitesse entre 600 et 800 km/h, et son diamètre entre 5 et 7 m. L'objet avait une forme ovale, celle de deux soucoupes collées l'une à l'autre, et M. Wilmot a eu l'impression que la lumière qu'il dégageait venait de l'intérieur, comme s'il était transparent. Le disque volant récupéré par les militaires est-il l'objet vu par les Wilmot, qui serait allé s'écraser un peu plus loin ?

Dès le début de l'après-midi, la nouvelle extraordinaire se répand aux États-Unis et dans le monde entier. Une vague d'appels téléphoniques déferle sur la petite ville bien tranquille de Roswell, à la base aérienne, aux journaux, aux radios, et même au bureau du shérif George Wilcox. Mais cette excitation ne va pas durer.

### *Le démenti du général Ramey*

Le soir même, le général de brigade Roger Ramey, commandant la huitième armée aérienne à Fort Worth, dans l'État voisin du Texas, inflige un démenti humiliant aux aviateurs de Roswell : ce qu'ils ont pris pour une soucoupe volante n'était qu'un vulgaire ballon-sonde météorologique !

Le général Ramey convoque d'urgence une conférence de presse et reçoit les journalistes vers 19 h 30 dans son bureau, flanqué de son adjoint, le colonel Thomas DuBose, et du commandant Jesse Marcel, l'homme qui, selon le communiqué du matin, a dirigé l'opération de récupération du « disque volant ». C'est lui également qui a été chargé de transporter celui-ci par avion jusqu'à Fort Worth.

Ramey présente aux journalistes des débris assez piteux, très abîmés, qui sont immédiatement identifiés par l'adjudant du service météo Irving Newton comme ceux d'un ballon de type Rawin équipé d'une cible-radar en tissu métallisé. Le reporter James Bond Johnson, du *Fort Worth Star Telegram*, réalise des photos de Ramey, DuBose et Marcel devant les débris. Marcel, que l'on voit souriant sur les photos publiées, reste silencieux ; du reste, les journalistes posent peu de questions.

Ramey passe également à la radio le soir même : son démenti est repris sans hésitation ni murmure dans la presse du lendemain. L'« incident » de Roswell est clos.

Le 9 juillet au matin, le titre d'un article du *New York Times* donne le ton : « L'adjudant résout l'énigme qui intriguait ses supérieurs. » L'article commente ironiquement la nouvelle : « La poterie céleste *[crockery]* a maintenu l'armée en alerte hier pendant plusieurs heures, jusqu'à ce qu'un officier explique que ce qu'un collègue croyait être un "disque volant" n'était rien de plus qu'un ballon-météo abîmé de l'armée [1]. » Pauvre commandant Marcel, responsable de la sécurité des bombardiers atomiques ! Seul, peut-être, le *Washington Post*, à l'esprit d'indépendance bien connu, émet des réserves sur ce démenti, évoquant un « *black-out* de l'information [2] ».

La réaction des journalistes n'est pas surprenante : pourquoi l'armée de l'air ne dirait-elle pas la vérité ? Même si la confusion des officiers d'élite de Roswell paraît incroyable, leur « découverte » l'est plus encore, et la thèse du ballon fait tout rentrer dans l'ordre.

Pourtant, il y a bien matière à s'interroger. Le colonel William Blanchard, le commandant de la base de Roswell qui a dicté le matin le communiqué au lieutenant Haut, est parti en congé dans l'après-midi pour trois semaines, avant même l'arrivée des débris à Fort Worth. Étrange attitude, pour quelqu'un dont on dira ensuite qu'il s'est laissé emporter par l'enthousiasme, mais qui ne peut être joint pour commenter son incroyable erreur, alors qu'elle n'a pas encore pu être constatée par son supérieur hiérarchique ! Voilà qui paraît par trop désinvolte. Apparemment, personne ne sera surpris non plus qu'il reprenne ensuite son poste, comme si de rien n'était.

Le mercredi 9 juillet 1947, l'incident de Roswell fait donc de nouveau la une des journaux de la région, cette fois avec le démenti du général Ramey. Dès le matin, le *Roswell Morning Dispatch* présente l'histoire du ballon-sonde ; l'après-midi, le *Roswell Daily Record*, qui s'étend le plus longuement sur l'affaire, publie deux articles ; le premier reprend le démenti de Ramey, et le second est un entretien avec le fermier qui a signalé les débris, William W. Brazel – appelé « Mac » Brazel par ses proches en raison de la ressemblance que, plus jeune, il présentait avec le Président McKinley !

Le premier article précise que le ballon-météo a été trouvé « plusieurs jours auparavant » par Brazel sur son ranch, à environ 140 km au nord de Roswell, et qu'il n'en a pas pensé grand-chose, jusqu'à ce qu'il entende parler des « disques volants », lors d'une visite à la petite ville de Corona, proche du ranch, le samedi précédent, 5 juillet. C'est alors qu'il a décidé d'aller aussitôt à Roswell pour informer le shérif, qui a appelé à son tour la base aérienne. D'autres précisions intéressantes sur les ballons sont fournies dans cet article par l'adjudant-météo Newton : la sonde Rawin est un modèle courant, utilisé par près de quatre-vingts stations aux États-Unis, et qui était déjà en service pendant la Seconde Guerre mondiale.

L'entretien avec le fermier Brazel, assez fourni, a été recueilli la veille au soir ; il paraît sous le titre : « Le fermier harcelé qui a repéré la soucoupe regrette d'en avoir parlé. » Il est précisé que Brazel a été interrogé par Walt Whitmore, responsable de la radio locale K.G.F.L., et que Jason Kellahin, journaliste de l'Associated Press à Albuquerque, la grande ville de la région, a aussi participé à l'entretien. Ce que l'article ne dit pas, et que l'on apprendra beaucoup plus tard, c'est que Brazel est arrivé escorté de militaires de Roswell, pour retourner ensuite avec eux à la base. Les journaux ne diront pas non plus, les jours suivants, que Brazel est retenu à la base pendant une semaine entière sans pouvoir communiquer, même avec sa famille. Son fils aîné Bill racontera plus tard ce bizarre épisode : vivant avec sa femme Shirley à Albuquerque, il a découvert l'affaire dans le journal, lequel reproduisait la photo de son père. Comprenant que celui-ci avait des ennuis, il est venu d'urgence au ranch pour s'occuper de ses moutons. Que de complications pour un ballon !

À lire cet entretien, un changement curieux de calendrier semble être intervenu. Brazel affirme que c'est le 14 juin – trois semaines avant la date figurant dans le communiqué de la base – qu'il a trouvé le ballon-météo. Il était accompagné de son fils Vernon, âgé de huit ans, et se trouvait à un peu plus de 10 km du ranch Foster, dont il est le gérant. Tous deux ont découvert une zone étendue, constellée de débris brillants : morceaux de caoutchouc, de papier d'aluminium, de papier assez résistant et de bouts de bois. Il n'y a, dit-il, guère prêté attention, mais est revenu ensuite avec son fils et sa fille Betty, âgée de quatorze ans, pour en ramasser une bonne quantité. Il a entendu parler des disques volants pour la première fois le lendemain (donc le 15 juin, et non pas le samedi 5 juillet comme indiqué dans le premier article, sur la même page), mais c'est seulement le lundi 7 juillet, selon l'entretien, qu'il est venu voir le shérif de Roswell, profitant d'un déplacement en vue de vendre la laine de ses moutons, pour lui révéler confidentiellement avoir peut-être trouvé un disque volant. Autre précision : le commandant Jesse Marcel l'a raccompagné à son ranch, en compagnie d'un homme « en civil ». Ils ont alors récupéré les autres morceaux du « disque » et ont essayé de les assembler au domicile de Brazel, sans y parvenir. Le commandant Marcel est retourné à Roswell avec les débris, et Brazel a ensuite appris la nouvelle de la découverte du disque volant.

Dans cet entretien sous escorte militaire, Brazel donne une description assez confuse des débris : parlant sans doute de la cible-radar, il estime qu'elle était « peut-être » grande comme un « dessus de table ». Le ballon qui la transportait avait sans doute 4 m de long, le caoutchouc était de couleur gris fumée et éparpillé sur une zone d'environ 180 m de diamètre. Quand les débris ont été rassemblés, le papier d'aluminium, les rubans adhésifs et les bouts de bois formaient un tas d'environ un mètre de long et de 20 cm d'épaisseur, et le caoutchouc un second tas d'environ 50 cm de long et 20 cm d'épaisseur. Le tout, estime Brazel, ne devait pas peser plus de deux kilos et demi. Sur le terrain, il n'y avait pas trace de pièces métalliques ayant pu faire partie d'un moteur ou servir d'hélice, bien que, ajoute

Brazel de manière saugrenue, « au moins un bout de papier ait été collé à une feuille d'aluminium »... Il n'y avait pas trace d'inscription sur « l'instrument », bien qu'il y eût des lettres sur certaines parties. Une quantité considérable de ruban adhésif, avec des dessins imprimés de fleurs, avait servi à sa construction. Drôle de soucoupe ! Et dire qu'il a fallu un bombardier B-29 quadrimoteur pour transporter de toute urgence ce précieux chargement au quartier général de Fort Worth, au Texas, sous l'escorte de l'officier de sécurité qui l'avait ramassé...

À quoi ressemblaient au juste ces modestes ballons-météo ? Depuis la Seconde Guerre mondiale, les enveloppes étaient faites de Néoprène, du caoutchouc synthétique, et gonflées à l'hélium, gaz ininflammable. Depuis peu, on les fabriquait aussi en polyéthylène, matière plastique toute nouvelle à l'époque. Les ballons en Néoprène sont assez petits : ils ne mesurent pas plus de 5 m de diamètre avant gonflage. Ils servent, éventuellement assemblés en grappe, à emporter une cible-radar légère, faite de tissu ou de papier recouvert d'une feuille d'aluminium, montée sur des baguettes de balsa, et ne pesant pas plus d'un kilo. Ces cibles sont appelées « cibles Rawin ». Elles sont assemblées en accordéon ou encore en forme d'étoile à six pointes, avec de la colle à bois et du papier collant. On parle en outre de « sondes Rawin » pour désigner les ballons chargés d'emporter un paquet d'instruments. Ceux-là portent une plaque enjoignant à toute personne de les récupérer lorsqu'ils sont trouvés au sol, et promettant une récompense.

On apprend alors qu'il existe des assemblages de ballons plus importants, lancés depuis le terrain d'essais de White Sands, à 140 km à l'ouest de Roswell ; ils sont présentés publiquement, dans le *Alamogordo News* du 10 juillet, pour suggérer qu'à haute altitude ils peuvent être pris pour des soucoupes. Mais pas au sol ! Quel que soit le modèle de ballon, il est clair qu'on ne risque guère de les confondre avec un engin venu d'un autre monde.

### *Comment des aviateurs d'élite ont-ils pu prendre un ballon pour une soucoupe ?*

La question qui aurait dû être abordée d'emblée, mais que les journalistes ne se sont pas posée, est de savoir comment les officiers d'élite de Roswell, responsables de la force atomique, ont bien pu prendre un tas de débris pour l'un de ces mystérieux disques volants que l'on signale alors un peu partout, puis l'annoncer fièrement au monde entier. L'adjudant-météo de Fort Worth, Irving Newton, interrogé plus tard par les enquêteurs, a déclaré qu'ils auraient dû identifier immédiatement ce ballon comme une vulgaire cible Rawin. À ce sujet, la presse américaine a rapporté deux jours plus tôt, le 6 juillet, qu'un autre ballon-météo, trouvé par un fermier près de la petite ville de Circleville, dans l'Ohio, a été immédiatement identifié comme tel par le fermier et par le shérif local, malgré la cible-radar qui pouvait lui donner, vu en vol, « l'aspect d'un disque volant [3] ».

Et le fermier Brazel ? Il signale à la fin de ce curieux entretien qu'il avait déjà trouvé deux ballons d'observation-météo sur le ranch, mais que ce qu'il a vu cette fois ne ressemble nullement à l'un d'eux : « Je suis certain que ce que j'ai trouvé n'était pas un ballon d'observation-météo. Mais si jamais je trouve autre chose à l'avenir, il sera beaucoup plus difficile de m'en faire parler, à moins que ce ne soit une bombe. » Une déclaration en flagrante contradiction avec l'explication militaire, mais qui ne retiendra pas non plus l'attention.

Arrêtons-nous un moment sur le cas des officiers de Roswell. Ce sont tous des aviateurs chevronnés, aux brillants états de service pendant la Seconde Guerre mondiale, et triés sur le volet pour faire partie de l'escadrille des bombardiers atomiques. Le colonel William Blanchard, « Butch » pour les intimes, est renommé pour son aptitude au commandement. Non seulement il conservera son poste après cet incident, et jusqu'en octobre 1948, mais il sera ensuite promu à l'état-major de Fort Worth, et fera l'une des plus brillantes carrières de l'aviation américaine, pour finir général quatre étoiles.

Le commandant – major – Jesse Marcel est un spécialiste de cartographie ; il est chef de renseignements de la base et connaît bien tous les modèles d'avions, amis ou ennemis, et autres objets aériens. Il a même reçu une formation radar qui donne à penser qu'il n'ignore pas l'existence des cibles Rawin et de leurs réflecteurs radars, qu'il est censé avoir pris pour une soucoupe volante, comme les autres officiers de Roswell ! La base des bombardiers atomiques possédait, bien entendu, son propre service météo, capable d'identifier un ballon, même d'aspect inusité. Jesse Marcel, bien loin d'être sanctionné pour sa méprise supposée, sera promu avant la fin de l'année 1947 à un poste de responsabilité au Pentagone, avec le grade de lieutenant-colonel. Il sera affecté à un programme d'« armes spéciales » analysant des échantillons atmosphériques à travers le monde pour détecter les futures explosions atomiques soviétiques. C'est lui qui, par la suite, préparera le rapport pour le Président Truman sur la bombe atomique soviétique, testée pour la première fois en 1949. Belle carrière pour un homme qui a pris un ballon-sonde pour une soucoupe volante ! Quant au jeune lieutenant Walter Haut, chargé des relations publiques, il ne sera pas sanctionné non plus, contrairement à un bruit répandu alors, tendant à lui faire porter le chapeau, et selon lequel il aurait reçu directement du Pentagone deux appels téléphoniques incendiaires. Il ne fera pas, cependant, une longue carrière dans l'armée. Alors que Blanchard et Marcel sont aujourd'hui décédés, il vit toujours à Roswell, à la retraite après une honorable carrière de directeur d'une galerie d'art.

Comment ces hommes ont-ils pu prendre une vessie crevée pour l'un de ces disques volants étincelants, auxquels on prête alors des performances extraordinaires, en vitesse et en maniabilité ?

Début juillet 1947, la première grande vague d'observation de soucoupes volantes se déroule depuis déjà quinze jours. Elle inquiète suffisamment les militaires pour que l'on ait maintenu des chasseurs en alerte pendant le week-end du 4 au 6 juillet. On a recensé par la suite, dans la presse de l'époque, plusieurs centaines de cas durant la période du 21 juin au 13 juillet : cent vingt-cinq selon un organisme d'enquêtes sur les ovnis, le N.I.C.A.P., avec une pointe autour de ce fameux week-end. Sur une période un peu plus longue, du 1er juin au 30 juillet, l'enquêteur Ted Bloecher a recensé huit cent cinquante rapports d'observation d'ovnis aux États-Unis, et estime qu'il aurait pu en trouver le double en « épluchant » tous les journaux locaux [4]. Dans cette étude, publiée en 1967, l'incident de Roswell est présenté comme une simple confusion avec un ballon.

Un bon nombre d'observations sont d'ailleurs d'origine militaire, tel ce disque argenté observé le 29 juin sur la base d'essais des fusées V-2, à White Sands ; le 30 juin, à Grand Canyon, dans l'Arizona, un pilote militaire observe en vol deux objets gris et circulaires, de 30 m de diamètre, plongeant à une vitesse vertigineuse. Il y a aussi une concentration remarquable d'observations dans le nord-ouest des États-Unis, la plus médiatisée étant celle de Kenneth Arnold, déjà évoquée plus haut. Autre cas célèbre de l'époque : le 4 juillet, entre Seattle et Boise, dans l'Idaho, l'équipage d'un avion d'United Airlines, le capitaine E. J. Smith et son copilote R. Stevens, observe pendant dix minutes cinq disques qui suivent l'avion sur 70 km [5].

Ainsi, l'argument avancé est que les aviateurs de Roswell, et en premier lieu le colonel Blanchard, connu pour être un fonceur, ont eu l'esprit un peu échauffé par toutes ces histoires, et ont cru un instant que le « grand jour » était arrivé. Le rapport militaire publié en septembre 1994 précise : « ... il semble que le colonel Blanchard et le major Marcel aient réagi de façon excessive, lorsqu'ils ont déclaré qu'un disque volant avait été récupéré alors que, à ce moment, personne ne savait au juste ce que signifiait cette expression puisqu'elle n'était en usage que depuis quelques semaines [6] ». Bien entendu, les aviateurs de Roswell, l'élite de l'aviation américaine, étaient au courant de la vague d'observations de soucoupes volantes, ou disques volants, qui remplissait les colonnes des journaux américains et préoccupait fort les militaires.

Est-il concevable que non seulement le commandant Marcel et le colonel Blanchard, mais aussi sans doute d'autres officiers probablement consultés par Blanchard, aient pu prendre un ballon-météo pour une soucoupe volante ? Sur ce sujet, l'adjudant Newton, le responsable météo de Fort Worth, est formel. Nous disposons également d'une déclaration écrite et signée, en date du 14 mai 1993, de l'ancien lieutenant Walter Haut, qui affirme : « Il n'y a aucune chance qu'il [Blanchard] ait pu confondre ces matériaux avec un ballon-météo. Il n'y a pas la moindre chance non plus que le major Marcel ait fait cette erreur. » J'ai eu l'occasion de m'entretenir à deux reprises en juillet 1995 avec Walter Haut, qui est maintenant le directeur du Roswell UFO Museum. Pour lui, il est impensable que Blanchard, qui avait été formé à l'école militaire d'élèves officiers de West Point, ait pu décider seul de diffuser un tel communiqué. Il l'a sûrement fait sur ordre de sa hiérarchie. Et, si tel fut le cas, pourquoi la hiérarchie militaire a-t-elle autorisé un tel communiqué ?

J'ai recueilli l'avis de Karl Pflock et Kent Jeffrey, deux enquêteurs concurrents, rencontrés au congrès du MUFON (Mutual UFO Network) en 1995, à Seattle. Karl Pflock est l'auteur d'une étude, *Roswell in Perspective* (« Roswell en perspective »), publiée au printemps 1994, selon laquelle les débris de Roswell étaient ceux, non pas d'un ballon-météo, mais d'un train de ballons d'un projet ultra-secret, le « Projet Mogul ». La thèse sera reprise peu après par l'armée de l'air. Selon Karl Pflock, Blanchard a commis cette gaffe de sa propre initiative, et, s'il n'a pas été sanctionné, il le doit à la protection du général Curtis LeMay, l'un des plus importants généraux de l'armée de l'air américaine [7]. Selon plusieurs anciens collègues de Blanchard que Pflock dit avoir interrogés, celui-ci était tout à fait capable d'une telle action. Kent Jeffrey, lui-même pilote à Delta Airlines, est d'un avis opposé. Cet enquêteur m'a dit avoir rencontré d'anciens collègues de Blanchard, selon lesquels un tel comportement était inimaginable. Kent Jeffrey raconte aussi que son père, qui était aviateur militaire et connaissait bien Blanchard, fut frappé par la rapidité de ses promotions jusqu'au grade de général quatre étoiles.

On nous permettra de croire qu'on n'avait pas confié les bombardiers atomiques, et ensuite offert une carrière prestigieuse, à un officier tout droit sorti du film *Docteur Folamour* de Stanley Kubrick, un homme capable d'annoncer tout à trac la découverte d'une soucoupe volante et de partir en vacances l'après-midi même sans autre commentaire. Bizarrement, Karl Pflock cite dans son étude deux bons amis de Blanchard, Arthur McQuiddy et l'ancien général Woodrow Swancutt, auxquels Blanchard avait confié qu'il était certain d'avoir récupéré quelque chose sortant de l'ordinaire. Selon McQuiddy, éditeur du *Roswell Morning Dispatch*, trois ou quatre mois après l'événement, Blanchard a non seulement admis que c'était bien lui qui avait autorisé le communiqué, mais a encore affirmé : « Le matériau que j'ai vu, je n'en ai jamais vu nulle part ailleurs de toute ma vie. » Swancutt, qui était officier à Roswell en 1947 et connaissait bien Blanchard pour avoir mené des missions de combat avec lui pendant la guerre, a confirmé que Blanchard était convaincu d'avoir trouvé quelque chose de très important [8].

Quant au commandant Marcel, taxé lui aussi de « surexcité » dans le rapport militaire, Walter Haut se souvient bien de lui, puisqu'ils habitaient des maisons voisines à Roswell. Ils n'étaient cependant pas intimes, m'a affirmé Haut, car Jesse Marcel, excellent voisin, était avant tout un officier de sécurité, peu bavard, autrement dit un professionnel compétent et fiable dans son domaine : la sécurité des bombardiers atomiques.

Quoi qu'il en soit, le démenti de Roswell servit au moins, au cours des jours suivants, à aider les autorités à apaiser la vague d'observations de soucoupes volantes. Comme l'indique l'Associated Press dès le 9 juillet : « Les rapports de soucoupes volantes tourbillonnant dans le ciel sont retombés aujourd'hui alors que l'armée et la marine ont commencé une campagne serrée pour arrêter les rumeurs [9]. »

Au demeurant, cette vague des soucoupes volantes demeure à l'époque essentiellement américaine. En Europe, elle trouve très peu d'échos, comme le prouvent les articles parus ces jours-là. Le *Times* de Londres publie un minuscule article sur les soucoupes le 8 juillet, sans évoquer Roswell, assorti du commentaire suivant : « Aucune hypothèse scientifique, jusqu'à présent, ne rend compte de manière satisfaisante des phénomènes observés, si ce n'est que, par une telle chaleur, les imaginations s'enfièvrent. » Un article de six lignes dans le numéro du 9 juillet du *Times* signale l'incident de Roswell ; son titre : « L'armée américaine va examiner un disque volant ». Un correspondant du journal à Washington y résume la situation ainsi, avant le démenti du général Ramey : « Après une annonce de l'armée venant de Roswell, selon laquelle un disque volant a été trouvé, le commandant de la huitième armée aérienne a déclaré ce soir que l'objet a été envoyé au centre de recherche de Wright Field, Ohio, pour y être examiné. » Le démenti de Ramey ne sera même pas signalé le lendemain.

En France, dans *Le Monde* daté du 8 juillet, rien n'est dit sur l'« incident » de Roswell. Seul figure un écho sur « L'affaire des soucoupes volantes », dans le style ambigu dont ce fleuron de la presse a su garder le secret. La conclusion mérite d'être citée : « Il est compréhensible que, dans un pays et à une époque où le radar atteint la lune de ses émissions, où les V-2 radioguidés photographient le golfe du Mexique de 180 000 m d'altitude, où la barrière du son est sur le point d'être traversée par des avions fulgurants, où les études cosmiques rivalisent chaque jour d'ingéniosité avec les recherches de mécanique et de chimie atomique, il est même excusable que les neurologistes demeurent sceptiques à l'égard des soucoupes volantes, en attendant les explications des experts, qui doivent être bien contrariés d'une telle dispersion s'ils sont eux-mêmes dans le secret. » Mais quel secret ?

# 2

# Le témoignage du commandant Marcel et les premières enquêtes

## *Trente années de silence*

Après la première vague d'apparition des soucoupes volantes en 1947, l'incident de Roswell est presque complètement oublié pendant trente années. Pendant toute cette période, le dossier des soucoupes volantes, que l'on va prendre l'habitude d'appeler les « ovnis », objets volants non identifiés – en anglais *UFOs* pour *Unidentified Flying Objects*, les enquêteurs prenant, quant à eux, le nom d'ufologues *(ufologists)* –, s'enrichit cependant. De temps à autre, une rumeur circule quant à la récupération en grand secret de soucoupes accidentées, rumeur qui reste très marginale et suspecte, même aux yeux des enquêteurs les plus avancés, comme le commandant Donald Keyhoe, aux États-Unis, auteur du premier livre affirmant la réalité des ovnis. Dans *The Flying Saucers Are Real* (« Les soucoupes volantes existent »), paru dès 1950, il évoque la vague de 1947, sans un mot sur l'incident de Roswell [1]. Le livre du capitaine Edward Ruppelt, *The Report on Unidentified Flying Objects (Face aux soucoupes volantes)*, publié en 1956, qui reste aujourd'hui encore un ouvrage de référence sur les premières années de l'histoire des ovnis [2], n'y fait pas davantage allusion.

Le livre de Frank Scully, *Behind the Flying Saucers*[3] *(Le Mystère des soucoupes volantes)*, fait quant à lui des révélations sensationnellles en 1950 sur, non pas une, mais quatre soucoupes accidentées, récupérées en secret par l'armée américaine, dont bien sûr celle de Roswell. Chroniqueur bien connu du cinéma hollywoodien, Scully écrit dans *Weekly Variety*. Son livre fait état des révélations de deux informateurs, Silas Newton, un « millionnaire du pétrole », et le « Dr Gee », un « éminent scientifique magnétique » *(sic)* bardé de nombreux titres académiques. Deux ans plus tard, un journaliste de *True Magazine*, J. P. Cahn, menant une enquête sur ces personnages, découvre qu'ils sont de vulgaires escrocs. Le « Dr Gee », de son vrai nom Leo GeBauer, et son ami Newton ont roulé des investisseurs en leur vendant un procédé fantaisiste de repérage des gisements de pétrole au moyen de micro-ondes, et ont été condamnés pour escroquerie en 1952 [4]. Bien que Scully soit resté lui-même convaincu de la véracité de leurs « révélations », cette enquête renvoie aux oubliettes pour de nombreuses années les histoires de soucoupes accidentées.

Les témoignages d'observation d'ovnis n'ont jamais cessé depuis 1947. Les ufologues ont retrouvé trace d'histoires analogues depuis l'Antiquité gréco-romaine, où l'on observait, non sans inquiétude, beaucoup de choses étranges dans le ciel. Mais revenons à notre époque : au fil des années et des dénégations officielles réitérées, en particulier le « Rapport Condon » qui entraîna, en 1969, la fin des enquêtes publiques de l'armée de l'air aux États-Unis, ces observations, qui deviennent en outre de plus en plus énigmatiques ou même absurdes, finissent par fatiguer l'opinion. Vers la fin des années 70, elles ont presque disparu des grands moyens d'information, et se voient reléguées dans des bulletins spécialisés [5]. C'est pourtant dans ce contexte très défavorable que l'affaire Roswell refait surface. Il n'est donc pas surprenant qu'elle ait, dans un premier temps, eu relativement peu d'impact sur l'opinion.

### *Les entretiens avec le commandant Marcel*

C'est presque par hasard que l'« incident » de Roswell refait parler de lui en 1978. Stanton Friedman, physicien nucléaire reconverti depuis des années dans les enquêtes ufologiques, et qui fait des visites d'information dans les entreprises, les écoles et les universités, rencontre alors l'ancien commandant Jesse Marcel, désormais à la retraite, lors d'une de ses tournées.

Le 20 février 1978 au soir, Friedman se trouve à Baton Rouge, en Louisiane, où il doit faire une conférence sur les ovnis à l'université de l'État. Alors qu'il donne aussi une série d'entretiens pour la radio et la télévision, le directeur d'une de ces stations de télévision lui confie, à l'occasion d'une pause café : « C'est avec Jesse Marcel que vous devriez vraiment vous entretenir. Il a eu entre les mains des morceaux de ces choses [6]. » Friedman a l'habitude de récolter des témoignages d'observation d'ovnis à l'occasion de ses exposés, mais cette fois il est pris de court : il ne sait même pas qui est ce Jesse Marcel. Le directeur de la station lui explique quel a été son rôle dans l'armée de l'air ; il lui apprend qu'il est maintenant à la retraite et que tous deux sont radio-amateurs et amis. Ce n'est pas la première fois que Friedman entend parler de crash d'ovni, mais, chaque fois qu'il a enquêté, il n'a trouvé aucun indice fiable et, comme tous ses collègues ufologues, il se méfie de ces histoires sensationnelles qui risquent surtout de ternir leur réputation. Cependant, alors qu'il se trouve déjà à l'aéroport, il se décide à appeler Jesse Marcel. Celui-ci lui paraît aussitôt digne de confiance. Il lui apprend qu'il était l'officier chargé de la sécurité à la base de l'armée de l'air de Roswell au Nouveau-Mexique. Il ne se rappelle pas la date précise de l'accident, qu'il situe vers « la fin des années 40 ». Il fait toutefois à Friedman un premier récit des événements, que celui-ci relatera plus tard dans *Crash at Corona*[7] (« Crash à Corona »).

Il raconte qu'il a reçu un coup de téléphone du shérif alors qu'il était en train de déjeuner au mess des officiers. Le shérif lui avait parlé de ce fermier qui avait apporté plusieurs morceaux d'une étrange épave, et qui en avait beaucoup d'autres dans son ranch. Le shérif pensait que cela pourrait peut-être l'intéresser. Marcel se rendit donc au bureau du shérif, à Roswell, interrogea le fermier, examina les débris et retourna à la base pour en parler à son supérieur. Il reçut l'ordre d'aller voir sur place de quoi il retournait, accompagné d'un homme du contre-espionnage. Il emmena avec lui un officier du nom de Cavitt, en compagnie duquel il se rendit au ranch du fermier. Arrivés à la nuit tombante, ils partagèrent une boîte de haricots et dormirent dans cette ferme qui n'avait ni eau courante ni électricité. Le lendemain, ils inspectèrent le champ de débris et passèrent la journée à en récolter, remplissant deux voitures et en laissant encore beaucoup sur place. Marcel rentra très tard, bien après Cavitt ; il était si impressionné qu'il voulût faire partager aussitôt sa découverte à sa femme Viaud et à son fils Jesse Junior, âgé de onze ans. Il passa donc chez lui vers deux heures du matin et réveilla sa famille pour exhiber sa découverte. Il étala une partie du matériel sur le sol de la cuisine et essaya vainement, avec son fils, d'assembler quelques pièces. Puis Marcel reprit tout, interdisant à son fils d'en garder le moindre morceau, comme celui-ci devait le raconter plus tard. Jesse Marcel retourna à la base, puis fit un rapport à son commandant, le colonel William Blanchard, dès six heures du matin, le mardi 8 juillet 1947, journée cruciale du communiqué de presse et de son démenti.

Jesse Marcel avait décrit sommairement les matériaux par téléphone, laissant penser à Friedman qu'il avait peut-être fait une découverte de première importance. Le témoignage de Jesse Marcel, sans doute le témoignage le plus important de toute l'affaire Roswell, demande à être examiné avec la plus grande attention, d'autant que, même si personne n'en a jamais contesté la sincérité ni l'honnêteté, il comporte des éléments qui ont donné lieu à controverse. Nous disposons de plusieurs entretiens, cohérents dans l'ensemble, mais plus ou moins précis, et parfois divergents sur des points de détail.

Les principaux entretiens avec le commandant Marcel sont, outre celui de Friedman datant de février 1978, celui mené par Leonard Stringfield, enquêteur réputé pour son intégrité, conduit avec Steve Tom, journaliste de la NBC à Chicago, que Friedman dit avoir mis au courant. Cet entretien a eu lieu le 7 avril 1978 et a été divulgué par Stringfield dès juillet 1978 dans une communication au symposium annuel du principal organisme de recherche ufologique, le MUFON (Mutual UFO Network). Il a été republié en janvier 1980 dans sa forme définitive [8]. Ce témoignage était encore assez bref. Une série d'entretiens plus approfondis ont eu lieu par la suite, en février, mai et décembre 1979, avec Friedman et cette fois William

Moore, autre enquêteur avec lequel Friedman s'était associé. En fait, c'est Moore qui a pris le relais et a publié l'année suivante le premier livre sur Roswell, en collaboration avec l'auteur à succès Charles Berlitz, abandonnant ainsi son premier partenaire... Enfin, un autre entretien de référence a été publié le 8 décembre 1979 par le journaliste Bob Pratt dans le *National Inquirer*, magazine populaire d'enquêtes en tout genre – « un tabloïd », précisera avec condescendance le rapport de l'armée de l'air publié en 1994, pour souligner que c'était un journal à sensation qui était à l'origine de toute l'affaire.

Ce détail mérite qu'on s'y arrête un instant. Voici le texte exact du rapport militaire de septembre 1994, dont nous reparlerons : « En 1978, un article est paru dans un tabloïd, le *National Inquirer*, rapportant que l'ancien officier de sécurité Marcel affirmait avoir récupéré des débris d'ovni près de Roswell, en 1947. Également en 1978, un ufologue, Stanton Friedman, a rencontré Marcel et a commencé à enquêter suite aux affirmations de Marcel selon lesquelles il aurait eu en main des matériaux provenant d'un ovni accidenté [9]. » On remarquera que, dans cette présentation, l'article du *National Inquirer*, daté de 1978, est présenté comme antérieur à l'enquête, alors qu'en réalité il est paru deux ans après le premier entretien de Friedman. Tous les enquêteurs l'ont souligné : ce n'est pas Jesse Marcel, à l'évidence, qui a pris l'initiative de vendre une histoire sensationnelle ; ce sont eux qui sont allés le trouver dans sa paisible retraite, en Louisiane.

L'entretien avec Bob Pratt, journaliste renommé, est fort intéressant. L'enquêteur Karl Pflock l'a publié intégralement en 1994 (ce qui n'est pas le cas de l'article du *National Inquirer*), dans son étude par ailleurs très critiquée, *Roswell in Perspective.* Il est utile de comparer tous ces textes, plusieurs sources valant mieux qu'une, surtout sur un sujet aussi controversé et qui présente plus d'une difficulté. En confrontant le témoignage de Jesse Marcel avec ceux de nombreux autres témoins, on peut vérifier qu'ils le corroborent, à quelques rares exceptions près, tel le deuxième témoignage, déjà cité, du fermier Brazel, placé « sous escorte militaire », comme l'ont affirmé plusieurs témoins directs.

Dans la description faite à William Moore et publiée dans son livre en 1980, il apparaît d'abord que la surface couverte par les débris – appelons-la le champ de débris – était très vaste : environ un kilomètre de long (trois quarts de mile) sur plus d'une centaine de mètres de large (plusieurs centaines de pieds) [10]. Un grand nombre de petits morceaux étaient éparpillés sur cette surface, indiquant qu'une explosion s'était produite en l'air. La grande étendue du champ des débris est confirmée, exactement dans les mêmes termes, dans l'entretien de Marcel avec Bob Pratt, publié partiellement dans le *National Inquirer* de décembre 1979 et republié intégralement en 1994 par Karl Pflock [11]. Elle est confirmée par le livre de Stanton Friedman, avec sans doute une confusion car celui-ci parle d'une largeur de quelques centaines de yards et non de pieds [12]. Le ranch lui-même, dont Brazel avait la charge, était un vaste territoire d'environ 200 $km^2$, selon le propre témoignage de Jesse Marcel [13]. Il n'y avait presque pas de routes sur ce terrain plat, à la végétation très pauvre, tout juste bon pour le pacage des moutons.

Ce point est d'une importance capitale, d'une simplicité lumineuse dans cette affaire qui a été compliquée et obscurcie à plaisir : selon toute probabilité, une explosion s'est produite au-dessus du terrain, et par conséquent les explications fondées sur une confusion avec un ballon ou un train de ballons ne tiennent pas, ou sont en tout cas insuffisantes, car tous les ballons, quel que soit le modèle, étaient alors gonflés à l'hélium, gaz inerte non explosif. Comment un ou plusieurs ballons auraient-ils pu répandre sur ce vaste terrain d'innombrables petits débris ? Même si un train de ballons s'était écrasé là, et avait été malmené par un violent orage (ils surviennent de temps à autre dans la région, bien qu'il y pleuve très rarement), on ne voit pas comment ces ballons auraient pu être éparpillés en milliers de petits morceaux, eux-mêmes extrêmement résistants, ainsi que les ont décrits tous les témoins. Ainsi, l'explosion avait dû être extraordinairement violente. Personne ne conteste la réalité de cet écueil, pas même Karl Pflock, qui défendra pourtant l'hypothèse des trains de ballons Mogul en 1994. J'en ai discuté avec lui en juillet 1995, au congrès du MUFON, à Seattle. Non sans réticence, il a fini par admettre que, « sans doute, il a pu y avoir explosion ». Une heure après, Pflock participait à un débat et réaffirmait sa conviction qu'il s'agissait d'un train de ballons du Projet Mogul...

Karl Pflock est rusé. Il n'a cessé, dans son étude, de multiplier des critiques à première vue secondaires, mais qui finissent par saper les témoignages. Ainsi, alors qu'il omet l'indice capital d'une explosion, il souligne un aspect mineur de la description du champ de débris sur lequel il existe une divergence entre deux entretiens accordés par Jesse Marcel (il s'agit de son orientation : nord-est/sud-ouest dans l'entretien de Bob Pratt [14], nord-ouest/sud-est dans le livre de Randle et Schmitt [15]). Pflock exploite ensuite cette divergence, avec d'autres détails, pour mettre en doute la fiabilité des enquêtes de Randle et Schmitt.

Autre point de polémique : selon certains témoignages tout à fait dignes de foi, le champ était disposé en éventail ; à l'extrémité la plus étroite, un sillon avait été creusé dans le sol. Bill Brazel, le fils aîné du fermier Mac Brazel, a même témoigné que cette trace était encore visible deux ans plus tard. En revanche, Jesse Marcel affirme dans tous ses entretiens qu'il n'a observé aucune trace d'impact au sol. Le point reste donc incertain. Bien entendu, pour Karl Pflock, puisque Marcel n'a pas vu de trace, c'est qu'il n'y en avait pas.

### *Des débris très étranges*

Qu'avaient-ils donc de si étrange, ces débris trouvés par le fermier Brazel sur son ranch ? Dans ses entretiens avec les divers enquêteurs, le commandant Jesse Marcel était encore capable d'en donner une description assez précise trente ans plus tard, tant ils l'avaient impressionné.

Les deux récits les plus détaillés sont ceux de William Moore, dans *The Roswell Incident* (« L'incident de Roswell », 1980), et de Bob Pratt dans la version intégrale publiée par Karl Pflock en 1994, *Roswell in Perspective.* Marcel souligne d'abord, sur une question de William Moore, que ce n'était sûrement pas un ballon : « Je connaissais bien presque tout ce qui volait à l'époque, d'origine américaine ou non. Je connaissais aussi tous les modèles de ballons d'observation météorologique ou de cibles-radar, utilisés aussi bien par les civils que par les militaires. Je suis absolument certain qu'il ne s'agissait ni d'un ballon-météo ni d'un ballon-cible, et pas davantage d'un avion ou d'un missile. Je ne sais pas ce que c'était. C'était quelque chose que je n'avais jamais vu auparavant, et que je n'ai jamais vu depuis [16]. » Dans l'entretien avec le journaliste Bob Pratt, Marcel avance une autre raison pour laquelle, selon lui, il ne s'agissait pas de ballons : si ces matériaux provenaient d'enveloppes de ballons, ils n'auraient pas été poreux. Or ils l'étaient [17].

Dans le livre de Moore, le commandant Marcel décrit trois types principaux de débris : des petites poutrelles, qui ont fait couler beaucoup d'encre ; un matériau ayant l'apparence de parchemin ; enfin, des pièces métalliques ressemblant à des feuilles d'étain très minces : « Il y avait un grand nombre de pièces faites d'une substance ressemblant à du parchemin, de couleur brune et extrêmement solide, et beaucoup de petites pièces ressemblant à des feuilles d'étain, mais qui n'étaient pas en étain [18]. » Sur les morceaux de parchemin, « il y avait des petits nombres avec des symboles que nous avons appelés des hiéroglyphes car nous ne pouvions les comprendre ». Ces symboles présentaient un air de ressemblance, mais ils étaient différents les uns des autres. Ils étaient de couleur rose et pourpre et semblaient peints sur la surface. Ces morceaux ne pouvaient être ni cassés ni brûlés. Marcel se souvient qu'il avait essayé de les brûler avec son briquet, mais qu'ils ne fumaient même pas.

Les « feuilles d'étain » étaient aussi minces que les feuilles métallisées des paquets de cigarettes. Elles ne l'ont pas particulièrement impressionné à première vue, mais, après avoir rapporté les débris à la base, il fut étonné par les premiers essais de résistance : ces feuilles ne pouvaient pas être déformées, même à coups de masse. L'un des garçons qui effectuaient ces essais a tenté sans succès de faire une bosse avec une masse de huit kilos sur un morceau d'environ deux pieds de long et un pied de large. Marcel précise qu'il était possible de fléchir ce matériau, et même de le froisser, mais qu'il reprenait sa forme initiale. Il existe aujourd'hui des matériaux « à mémoire de forme », mais cette découverte n'a pas pu influencer le récit, bien antérieur. L'un des garçons, essayant d'assembler des morceaux, comme un puzzle, a réussi à reconstituer environ dix pieds carrés, mais ce n'était pas suffisant pour se faire une idée de la forme générale de l'objet. Quoi que fût celui-ci, il était de grande taille.

Le major Marcel a aussi rapporté que quelqu'un d'autre, sans doute Cavitt, avait retrouvé une boîte noire, d'apparence métallique, mesurant quelques pouces de côté. Sans ouverture apparente, elle était beaucoup trop légère pour être un appareillage quelconque. Jesse Marcel ignorait ce qu'il était advenu de cet objet.

Venons-en au matériau le plus étrange et le plus controversé, les fameuses petites « poutrelles », le long desquelles figuraient « des sortes de hiéroglyphes que personne ne pouvait déchiffrer ». « Ces morceaux ressemblaient un peu à du bois de balsa, et pesaient à peu près le même poids, mais ce n'était pas du tout du bois. Ils étaient très durs, bien que flexibles, et ne pouvaient brûler. » Dans le texte de William Moore, une ambiguïté, à première vue, apparaît quant à leur dimension, mais le texte de l'entretien avec Bob Pratt est plus révélateur. Selon Moore, Jesse Marcel décrit des petites poutrelles de section carrée d'environ 1 à 1,3 cm de côté, sur lesquelles on distingue des « hiéroglyphes » indéchiffrables. Faut-il comprendre que Jesse

Marcel décrit des pièces minuscules d'un centimètre carré ? Dans ce cas, comment pourrait-il avoir vu des séries de « hiéroglyphes » sur d'aussi petits morceaux ? Les choses se précisent grâce à l'entretien avec Bob Pratt, dont Karl Pflock fait état. Jesse Marcel parle cette fois de petits « membres » *(members),* qu'on ne pouvait ni courber ni casser, bien qu'ils ne ressemblassent pas à du métal. Marcel poursuit : « Leur taille était variable. Ils étaient, selon mon souvenir, peut-être épais de 0,6 à 1 cm. » Marcel précise même qu'ils pouvaient mesurer jusqu'à un mètre de longueur. Ces pièces semblaient être extrêmement légères et pourtant solides. Elles étaient de section rectangulaire, comme une règle. Sur la longueur de certaines d'entre elles figuraient de petits signes, de deux couleurs, qui évoquaient des caractères chinois. Ces morceaux ne pouvaient brûler, pas plus que les autres matériaux. Il est clair que, malgré une imprécision dans le vocabulaire, Jesse Marcel parle bien des mêmes morceaux, qu'il nomme des petites poutres, ou plutôt des poutrelles, ou des « membres » – mot particulièrement ambigu, mais comment ne pas comprendre son embarras pour décrire ces étranges matériaux ?

Les descriptions du commandant Marcel sont largement corroborées par une série d'autres témoins, retrouvés progressivement par les enquêteurs, qui affirment avoir eu eux aussi en main des matériaux provenant de ce champ de débris. Un témoignage très important sur ces fameuses poutrelles, dont l'existence est plus ou moins mise en doute par Karl Pflock, est celui du propre fils de Marcel, Jesse Marcel Junior.

Jesse Marcel Junior est, avec sa mère, l'un des rares témoins directs ayant eu en main des débris car, rappelons-le, le commandant Marcel, revenant très tard à

Roswell avec sa voiture chargée de débris, fit un détour chez lui à deux heures du matin pour partager avec sa femme et son fils son extraordinaire découverte. Jesse Marcel Junior a consenti de nombreux entretiens avec plusieurs enquêteurs et, comme son père, il n'a pas varié dans son récit. Il est vrai que, âgé de onze ans, Jesse Junior était bien jeune à l'époque, mais il est difficile de trouver un témoin plus digne de confiance que lui : il est aujourd'hui médecin en activité, colonel de réserve dans la Garde nationale, pilote d'hélicoptère et enquêteur certifié sur les accidents d'avion.

Dans son premier entretien, publié par William Moore, le Dr Marcel fait une description brève qui recoupe assez bien, avec cependant une divergence, celle de son père : « Le matériau avait la forme d'une feuille très mince, d'apparence métallique, mais non métallique, et très solide. Il y avait aussi une sorte de matériau de structure – des poutrelles – et d'autres morceaux, dont beaucoup en plastique noir semblaient de nature organique [19]. » Quel est ce dernier matériau ? Quelques semaines plus tard, en avril 1979 nous dit William Moore, le Dr Marcel fait une description plus détaillée, qu'il avait d'abord passée sous silence, craignant que son souvenir ne soit celui d'un enfant un peu imaginatif. Il se rappelle aussi avoir vu, sur le côté de certaines poutrelles, des caractères « hiéroglyphiques ». Il dit avoir questionné par la suite son père qui se souvenait lui aussi de ces caractères, de couleur rose ou rose pourpre [20]. D'autre part, il se rappelle que, sur le sol de la cuisine, « il y avait des piles de débris métalliques ainsi que des résidus noirs et cassants qui avaient l'air de plastique fondu ou brûlé ».

Jesse Marcel Junior a fait, comme beaucoup d'autres témoins de l'affaire de Roswell, une déclaration écrite, datée (du 6 mai 1991) et signée. Celle-ci, bien que très brève, confirme ses entretiens journalistiques, notamment concernant la description des débris. Il parle alors de *« I beams »* pour décrire les petites poutrelles – avec une « section en I », comme celle d'un rail de chemin de fer. Le Dr Marcel s'est ensuite appliqué à préciser le souvenir qu'il avait de ces étranges morceaux. Dans une lettre reproduite par Karl Pflock, il les décrit ainsi : « Il y avait une série de formes géométriques imprimées en relief sur un fragment de poutrelle en forme de I *["I beam strut"]*. Il n'y avait pas de figures animales reconnaissables comme on en voit dans les hiéroglyphes égyptiens, mais ces symboles semblaient être cependant de type hiéroglyphique. La plupart des débris avaient l'aspect de morceaux d'une structure d'aéronef et de son enveloppe. Certains de ces débris n'étaient pas métalliques, mais plutôt semblables à des fragments de pièces en plastique noir plus épais que l'enveloppe métallique. Les symboles étaient de couleur violette ou pourpre [21]. » Le Dr Marcel a fait figurer, dans sa lettre, un dessin de cette poutrelle, avec des symboles sur le côté, précisant que sa mère, Viaud Marcel, à qui il l'a montré, est tombée d'accord avec cette description.

Deux autres enquêteurs importants de l'affaire Roswell, Kevin Randle et Donald Schmitt, ont rencontré Jesse Marcel Junior avec sa mère et ont eu ainsi l'occasion de vérifier qu'elle confirmait ces descriptions : « Elles concordaient avec celles des autres témoins qui avaient eu ces matériaux en main [22]. » Ce jour-là, une séance d'hypnose fut organisée, menée par John Watkins, professeur de psychologie à l'université du Montana, et expert réputé dans ce domaine, pour aider Jesse Marcel à préciser la description des débris.

À cette occasion, Marcel décrivit plus en détail les symboles hiéroglyphiques, et aussi l'aspect des matériaux d'un autre type, en « plastique » noir, qui ressemblaient en fait à de la bakélite.

Plus tard, un modèle de poutrelle en plastique a été fabriqué par le designer Miller Johnson, sur les indications de Marcel. C'est ce modèle que les téléspectateurs français ont pu voir, présenté par Marcel Junior lui-même, à l'émission de TF1 « L'Odyssée de l'étrange », animée par Jacques Pradel et diffusée le 21 juin 1995.

Karl Pflock, infatigable critique de tous les témoignages sur Roswell, a soutenu, encore récemment au congrès du MUFON de juillet 1995, que seul Jesse Marcel Junior avait décrit les fameuses petites poutrelles en forme de I. Il l'a affirmé lors d'un débat auquel participait Stanton Friedman, qui n'a rien répondu, trahissant ainsi un certain embarras. Or, si l'on rapproche soigneusement les textes d'entretiens avec le commandant Marcel, il est manifeste que celui-ci a bien décrit lui aussi ces petites poutres, mais sans mentionner leur profil en I. Il a bien signalé la présence de symboles hiéroglyphiques le long de certaines pièces. Il est vrai que, si l'on s'en tient au texte de William Moore, une certaine confusion demeure car Marcel commence à parler de hiéroglyphes à propos de morceaux à l'aspect de « parchemin », mais l'ambiguïté est écartée grâce à l'entretien avec Bob Pratt qui met clairement les choses au point. Marcel s'est peut-être mal exprimé, à moins qu'il ait également vu des symboles sur les morceaux en « parchemin ».

### *Le témoignage de la fille du fermier Brazel*

Nous voici maintenant très loin du deuxième témoignage du fermier William « Mac » Brazel, recueilli sous escorte militaire le mardi 8 juillet 1947 au soir. Les dires de Jesse Marcel père et fils seront largement étayés par d'autres témoins.

Il existe cependant un témoignage proche de celui de Brazel : celui de sa propre fille, Bessie Schreiber, âgée de quatorze ans à l'époque des faits. Ses affirmations sont contestées par les enquêteurs car elles sont contredites par d'autres dépositions, relatives non seulement à la description des débris, mais aussi au déroulement de l'incident et à la présence et aux allées et venues des personnages. Ce témoignage est maintenant mis en avant par Karl Pflock et le rapport de l'armée de l'air, à l'appui de la thèse des ballons Mogul. Bessie a fait une déclaration écrite sous serment, devant notaire, en date du 22 septembre 1993, citée dans ces deux documents. Étant donné l'importance conférée à ce texte, le mieux est d'en livrer la traduction in extenso, que voici.

« William W. Mac Brazel était mon père. En 1947, alors que j'étais âgée de quatorze ans, il était le gérant du ranch Foster dans le comté de Lincoln, au Nouveau-Mexique, près de Corona. Notre famille possédait une maison à Tularosa, où ma mère, mon plus jeune frère Vernon et moi-même vivions durant l'année scolaire. Nous passions tous les trois nos étés avec papa au ranch Foster.

« Vers le 4 juillet 1947, mon père trouva une quantité de débris éparpillés sur un pâturage à quelque distance de la maison où nous habitions. Aucun d'entre nous n'était avec lui quand il trouva ces matériaux, et je ne me rappelle pas que personne d'autre fût présent. Il nous en parla à son retour à la fin de la journée. Mon père était préoccupé parce que les débris se trouvaient près d'un réservoir d'eau en surface. Il craignait que, éparpillés par le vent, ils n'effraient les moutons et que ceux-ci refusent de boire. Aussi, un jour ou deux plus tard, il s'est rendu avec moi et Vernon sur le site pour ramasser ces matériaux. Nous y sommes allés à cheval en emportant plusieurs sacs pour ramasser les débris. Je ne me rappelle pas à quelle distance de la maison se trouvait ce pâturage, mais le trajet nous a pris du temps.

«Il y avait beaucoup de débris éparpillés de façon clairsemée sur le site qui, me semble-il aujourd'hui, avait à peu près la taille d'un terrain de football. Peut-être y avait-il d'autres matériaux répandus plus loin par le vent, qui soufflait fortement.

«Les débris ressemblaient à des morceaux d'un grand ballon qui aurait explosé. Les morceaux étaient petits; le plus grand dont je me souvienne avait à peu près la taille d'un ballon de basket-ball. La plupart étaient faits d'un matériau à double couche, métallisé d'un côté et à l'aspect de caoutchouc de l'autre. Les deux côtés étaient de couleur gris argent, le côté métallique étant plus argenté. Des bâtons, comme des baguettes pour cerf-volant, étaient attachés à certaines pièces avec du papier collant blanchâtre. Ce papier collant était large d'environ trois pouces [un peu moins de huit centimètres] et portait des dessins stylisés ressemblant à des fleurs. Ces "fleurs" étaient pâles, de diverses couleurs pastel, et me rappelaient des peintures japonaises avec des dessins de fleurs séparés. Je ne me souviens pas d'autres types de matériaux, et je ne me rappelle pas non plus avoir vu des sillons sur le sol, ou d'autres marques indiquant que quelque chose avait heurté le sol violemment.

« Le matériau en caoutchouc métallisé ne pouvait être tordu comme peut l'être une feuille d'aluminium ordinaire. Je ne me rappelle rien d'autre au sujet de la solidité, ou autres propriétés, de ce que nous avons ramassé.

« Nous avons passé plusieurs heures à ramasser les débris et à les mettre dans des sacs. Je crois que nous en avons rempli trois. Nous avons spéculé un peu sur ce que pouvaient être ces matériaux. Je me rappelle mon père disant : "Oh ! c'est juste un tas de déchets."

« Peu après, mon père s'est rendu à Roswell pour commander du fourrage d'hiver. Il en a profité pour informer le shérif de ce qu'il avait trouvé. Je ne sais plus si nous étions avec lui car nous avons fait deux ou trois voyages à Roswell à cette époque. Nous n'y allions pas tous ensemble car c'était un voyage qui prenait la journée entière ; nous partions très tôt le matin et ne revenions qu'à la nuit tombée. En revanche, je suis tout à fait sûre que ce voyage n'a pas duré plus d'une journée. Lorsque papa allait en ville, il rentrait toujours le soir.

« Un ou deux jours plus tard, des militaires sont venus au ranch. Ils étaient au moins une quinzaine. Un ou deux officiers ont parlé avec mon père et ma mère, pendant que les autres attendaient. Aucun n'a parlé avec Vernon et moi. Je crois me rappeler qu'ils sont restés au ranch la plus grande partie de la journée, et qu'ils ont donc pu aller sur le terrain ramasser des matériaux. Je ne suis pas tout à fait sûre de cela mais je me rappelle très bien qu'ils ont emporté les sacs de débris avec eux.

« Bien que cela soit certainement possible, je ne crois pas que d'autres personnes aient trouvé des matériaux plus tard. Mon père résumait à sa façon cette histoire : ils ont fait tout un raffut pour rien du tout.

« Je n'ai pas été payée et l'on ne m'a rien promis pour faire cette déclaration, qui est la vérité pour autant que je m'en souvienne [23]. »

À première vue, la déclaration de Bessie Schreiber paraît tout à fait crédible, et s'inscrit très fortement en faveur de l'hypothèse de débris de ballons. Elle est proche de la déclaration de son père publiée le 9 juillet, mais elle soulève déjà des questions. On relève une différence de date. Brazel, dans sa déposition effectuée sous escorte militaire, dit avoir découvert ces débris le 14 juin et non pas vers le 4 juillet. Il dit aussi avoir été accompagné de son fils Vernon et non pas s'être rendu seul sur les lieux, comme le prétend Bessie. Un des deux se trompe ! Selon Bessie, son père avait une piètre opinion de ces débris alors que, dans l'article du *Roswell Daily Record* du 9 juillet, on le présente comme un brave paysan venant voir le shérif parce qu'il croit avoir trouvé une soucoupe volante. D'autre part, elle avoue ne plus très bien se rappeler des faits : elle pense qu'ils sont allés tous ensemble à Roswell, mais elle n'en est pas sûre.

En revanche, sa description des débris est extrêmement précise, et son témoignage tend à accréditer la thèse officielle. Le papier collant pourrait être celui qui servait à assembler les feuilles d'aluminium et le bois de balsa des cibles-radar. D'autre part, il existait des ballons en Néoprène recouverts d'une couche métallisée pour servir de réflecteur-radar. Le tout suggère fortement les restes d'un ballon.

Cette description est différente de celle du commandant Jesse Marcel, qui n'a pas varié dans ses déclarations. Il a toujours affirmé qu'il ne pouvait s'agir des restes d'un ballon. La fille du fermier était-elle plus perspicace que l'officier de sécurité des bombardiers atomiques ? Il convient maintenant de confronter le témoignage de Bessie Schreiber, datant de septembre 1993, à ses déclarations précédentes.

William Moore a cité assez longuement, dans *The Roswell Incident,* le premier entretien réalisé avec Bessie Schreiber. Il est quelque peu différent de celui qu'on vient de lire. D'abord, elle décrit des débris plus variés : « Il y avait ce qui semblait être des pièces de papier renforcé à la cire et des sortes de feuilles d'aluminium. Sur quelques-unes de ces pièces, on pouvait distinguer des inscriptions ressemblant à des chiffres et des lettres, mais nous n'avons rien pu déchiffrer. Sur certaines des pièces, qui ressemblaient à des feuilles métallisées, était collé une sorte de ruban adhésif ; quand on les regardait dans la lumière, on voyait des dessins stylisés, telles des fleurs couleur pastel. Cela ressemblait à du ruban adhésif, mais on ne pouvait pas du tout le décoller. » Bessie précise, au sujet des inscriptions : « Cela ressemblait surtout à des chiffres, du moins ai-je supposé que c'était des chiffres, écrits en colonnes pour poser une addition. Mais cela ne ressemblait pas du tout aux chiffres que nous utilisons. » Enfin, à la question : « Cet objet aurait-il pu être les restes d'un ballon-météo ? », Bessie répond catégoriquement par la négative : « Non, ce n'était absolument pas un ballon. Nous avions vu pas mal de ballons-météo – au sol comme en l'air. Nous avions même trouvé un ou deux ballons de modèle japonais qui étaient tombés par là. Nous en avions aussi récupéré quelques-uns, en caoutchouc très fin portant des paquets d'instruments. Ce n'était rien de tout cela [24]. » Curieuse dérive des témoignages : en 1979, il ne pouvait s'agir d'un ballon, mais quinze ans plus tard, en 1993, c'était sans doute un ballon ! Incidemment, elle fait peut-être allusion ici à un avatar de la Seconde Guerre mondiale peu connu en Europe, le lancer par les Japonais de milliers de ballons porteurs de bombes, censés terroriser l'Amérique comme les V-1 allemands en Angleterre. Ce plan avait fort heureusement échoué. Quant aux ballons à enveloppe très fine, il s'agissait sans doute des sondes Rawin en polyéthylène qui commençaient à entrer en service à cette époque.

### *Premières enquêtes*

En 1978, après ses premiers entretiens avec le major Jesse Marcel, Stanton Friedman, physicien nucléaire ayant lui-même travaillé sur des projets militaires, était intrigué et attiré par cette histoire se déroulant au cœur du Nouveau-Mexique, région stratégique par le nombre de ses bases et de ses centres de recherche sur les armes nucléaires, les avions et les fusées. Outre Roswell existaient, près de la frontière du Mexique et de la vallée du Rio Grande, la base de White Sands, où étaient testées les fusées V-2 récupérées en Allemagne et les premières fusées américaines ; celle d'Alamogordo, où avait été testée la première bombe atomique deux ans plus tôt ; plus au Nord, les laboratoires de Los Alamos, près de Santa Fé ; la base de Kirtland et les laboratoires de Sandia aux portes d'Albuquerque. Les soucoupes volantes avaient-elles choisi, pour se manifester, cette région truffée de centres de recherche nucléaire ?

Friedman a révélé en 1992, dans son livre *Crash at Corona* (la petite ville la plus proche du ranch de Brazel), que son enquête a d'abord piétiné. Ses premières pistes tournaient court, personne ne se souvenait plus de rien et beaucoup refusaient de parler. Un journaliste lui a signalé l'histoire de sa propre mère, Lydia Sleppy ; elle lui avait raconté qu'à l'époque elle travaillait dans une station de radio d'Albuquerque. Un journaliste de Roswell l'avait informée que l'on venait de récupérer une soucoupe volante dans la région et que celle-ci était en cours d'acheminement à la base de Wright. Alors qu'elle tapait le texte sur son téléscripteur, la machine fut interrompue par un message du F.B.I., lui ordonnant d'arrêter cette transmission pour motif de sécurité militaire. Lorsqu'elle voulut reparler plus tard de cet incident au journaliste, celui-ci lui demanda d'oublier toute l'affaire.

En octobre 1978, Friedman s'exprimait dans une université du Minnesota lorsqu'il fut approché discrètement par un couple, Jean et Vern Maltais. Celui-ci lui fit part d'une histoire que leur avait racontée « Barney » Barnett, un ami décédé depuis, selon lequel, au cours d'une de ses études de terrain en tant qu'ingénieur civil, il avait vu une soucoupe volante accidentée, avec des cadavres à l'intérieur. Une équipe d'archéologues était également arrivée sur les lieux, mais peu après des militaires étaient intervenus, avaient bouclé le site et fait jurer le secret aux civils. C'était pour Friedman le début d'une piste qui allait le mener, avec son ami William Moore, à situer le crash décrit par Barnett non dans la région de Roswell, mais dans la plaine de San Agustin, où il travaillait à l'époque. Le problème est que cette région très isolée, où a d'ailleurs été installé un ensemble de radiotélescopes, le « Very Large Array », se trouve à plus de 200 km à l'ouest de Roswell. S'agissait-il d'un autre accident de soucoupe ? Friedman et Moore, maintenant associés dans leurs enquêtes, se sont rendus à l'évidence : il ne pouvait s'agir du même crash. Cela signifiait alors que deux accidents auraient eu lieu en même temps.

Les enquêtes de Moore et Friedman ont pris un tournant décisif en février 1979 lorsque Moore a mis la main, à la bibliothèque de l'université du Minnesota, sur des articles de presse décrivant l'incident de Roswell des 8 et 9 juillet 1947 dans des termes qui confirmaient les dires du commandant Marcel. Moore et Friedman ont alors pu se mettre vraiment au travail et retrouver de nombreux témoins. Dès l'année suivante, Moore publia *The Roswell Incident*, en s'associant cette fois à l'auteur populaire Charles Berlitz (l'homme du « triangle des Bermudes »). On pourra toujours regretter cette précipitation commerciale, peu favorable à la crédibilité des recherches ; toutefois, cet ouvrage demeure un document de référence sur cette affaire. Il faudra attendre une dizaine d'années la parution du livre suivant, *UFO Crash at Roswell* (« Crash d'ovni à Roswell »), de Kevin Randle et Donald Schmitt (1991, non traduit en français, contrairement à celui de Moore), pour avoir une vue d'ensemble beaucoup plus solide, avec de plus nombreux témoignages.

### *Les ennuis de Brazel*

La date exacte de la découverte des débris par le fermier Brazel est encore controversée. Elle était déjà imprécise dans la presse de l'époque ; elle fait encore l'objet de débats aujourd'hui. Si l'on en croit le témoignage, recueilli plus tard, du sergent-chef Lewis Rickett, sous-officier de la base de Roswell, Brazel aurait rapporté aux enquêteurs de la base qu'il avait trouvé les débris le 3 juillet [25]. Selon un autre témoignage, Brazel se serait rendu sur le terrain le 30 juin et n'y aurait rien remarqué d'anormal. Il semble donc que Brazel ait découvert les débris quelques jours plus tard – d'autant qu'un éleveur ne peut se permettre de laisser traîner trop longtemps de tels débris, qui constituent un danger pour le bétail. Autre témoignage convergent, celui de Tommy Tyree, ouvrier agricole ayant travaillé pour Brazel à partir du mois suivant : selon lui, ces débris avaient causé bien du souci à Brazel parce qu'ils étaient si nombreux que les moutons refusaient de traverser le champ. Il fallait donc contourner le site pour les mener boire. Qui nettoierait cet étrange épandage ?

Fait peut-être important, il y avait eu, au soir du 2 juillet, un violent orage. D'autre part, selon les proches de Brazel, ce dernier aurait entendu une explosion particulièrement violente, et néanmoins différente d'un coup de foudre. Si c'était le même soir, peut-être l'engin avait-il été frappé et endommagé par la foudre ?

Sur les faits et gestes de Brazel, nous disposons aussi, ne l'oublions pas, du communiqué de presse de la base, qui indique, détail intéressant, que Brazel avait récupéré et mis à l'abri un objet de forme circulaire, en fait le plus gros débris, de forme arrondie.

Il est bien établi aujourd'hui, après beaucoup de discussions, que Brazel est arrivé le dimanche 6 juillet, vers midi, au bureau du shérif de Roswell, George Wilcox, muni d'échantillons de débris, après plusieurs heures de route au volant de sa vieille voiture.

Les plus proches voisins de Brazel, les époux Floyd et Loretta Proctor, habitaient à près de 13 km. Le ranch de Brazel, le *Foster ranch*, avait en effet près de 15 km de côté et une superficie de plus de 200 $km^2$. La densité de population est très faible dans cette région. En parcourant la route 285 qui la traverse, je n'ai moi-même aperçu que deux maisons en une heure de route. Peu de temps après avoir découvert les débris, Brazel est allé rendre visite à ses voisins Proctor. Il semblait très excité et voulait les convaincre de venir voir le champ avec lui, mais, fatigués, ils déclinèrent l'invitation. Brazel avait cependant apporté un fragment qu'ils purent examiner ensemble. Selon Loretta Proctor, ce morceau ressemblait à du plastique, mais on ne pouvait le brûler [26].

Le témoignage des Proctor est important car non seulement personne n'a mis en doute leur crédibilité, mais ils ont apporté des précisions utiles sur le déroulement de l'histoire. Selon eux, Brazel était seulement accompagné de leur propre fils, le jeune « Dee » (Timothy D. Proctor), qui aimait faire avec Brazel des tournées à cheval sur le ranch et que ce dernier avait raccompagné chez eux ce soir-là. Voilà un détail qui diffère du second récit de Brazel, fait en présence des militaires ; il avait alors dit, comme en témoigne l'article du 9 juin du *Roswell Daily Record*, qu'il se trouvait au ranch avec sa femme, son plus jeune fils Vernon et sa fille Bessie. Qui dit la vérité ? D'autre part, selon un autre témoignage, le jeune « Dee » Proctor aurait profité de l'absence de Brazel le dimanche 6 pour venir prendre quelques débris avec des camarades – débris restitués aux militaires, rapidement venus les récupérer.

Brazel était-il effectivement sous escorte militaire le soir du 8 juillet ? Plusieurs témoins l'affirment : ils l'ont vu sortir de l'immeuble du journal encadré par des officiers qui l'ont alors emmené en voiture à la base. Floyd Proctor et Lyman Strickland, qui étaient à Roswell ce jour-là, l'ont même croisé et ont été surpris qu'il ne les salue pas au passage. D'autres voisins ont témoigné eux aussi : Leonard Porter, qui habitait au sud du ranch de Brazel, et Bill Jenkins, l'ont vu passer sous escorte les yeux baissés, comme s'il ne voulait voir personne [27].

Où Brazel était-il, et qu'a-t-il fait, entre le dimanche 6 à midi, dans le bureau du shérif, et le mardi 8 au soir, où il est apparu escorté par des officiers ? Un journaliste de Roswell, Frank Joyce, affirme avoir eu un entretien téléphonique avec Brazel alors que celui-ci se trouvait dans le bureau du shérif. Il se trouve que Joyce, qui avait l'habitude d'appeler le bureau du shérif pour se tenir informé, a appelé à ce moment précis. Le shérif Wilcox lui a passé Brazel, lequel lui a raconté son histoire. Joyce a dit n'avoir écouté que d'une oreille distraite, et avoir décidé de ne pas diffuser ce « scoop ».

Les témoignages divergent sur ce qui s'est passé exactement dans le bureau du shérif Wilcox : selon les uns, le commandant Marcel serait venu seul ; selon d'autres, il était accompagné du capitaine Sheridan Cavitt, l'officier de contre-espionnage de la base, en civil, et du colonel Blanchard en personne. Mais convenons que ce point de détail est assez secondaire. Personne n'a jamais contesté, en revanche, que Jesse Marcel ait reçu de Blanchard l'ordre d'aller visiter le champ des débris, en se faisant accompagner d'un officier du contre-espionnage. Brazel est donc retourné le soir même à son ranch avec Marcel et le capitaine Sheridan Cavitt. Ce dernier et le sergent-chef Lewis Rickett, un homme de son équipe, sont deux témoins importants : ils ont vu le site des débris.

Le lendemain, lundi 7 juillet, après avoir guidé les deux officiers jusqu'au champ de débris, Brazel reprend ses activités. Intervient ici un épisode fort intéressant, capital pour la suite de l'affaire. Pendant que les deux officiers s'emploient à récolter les débris, Walt Whitmore, patron de la radio K.G.F.L., à Roswell, arrive au ranch Foster. Il a été informé par Frank Joyce, qui a parlé avec Brazel dès le dimanche midi. Il paraît bien établi que Whitmore est revenu à Roswell le lundi soir avec Brazel pour s'assurer un entretien exclusif. Son fils, Walt Whitmore Jr, a raconté que son père avait « caché » Brazel chez lui et l'avait hébergé pour la nuit. Pendant ce temps, les militaires étaient aux cent coups et recherchaient le « rancher qui [avait] trouvé la soucoupe volante ». Mais cet entretien n'a jamais été diffusé. Pourquoi ? Parce que, toujours selon le fils Whitmore, celui-ci avait subi des pressions.

Un autre aspect important du témoignage du fils Whitmore est sa description des débris. Il assure en effet avoir vu quelques morceaux que Brazel et son père avaient rapportés. Son témoignage a été cité dès 1980 par William Moore dans *The Roswell Incident.* Walt Whitmore Jr a vu des feuilles métalliques très minces, mais extrêmement solides, et des poutrelles qui semblaient être de bois ou d'une substance ressemblant à du bois. Sur une partie de ces matériaux figuraient des inscriptions évoquant des chiffres, posées comme pour une opération mathématique. La pièce la plus large, qui mesurait environ 10 à 12 cm², ressemblait beaucoup à une feuille de plomb, mais ne pouvait être ni tordue ni coupée, et était extrêmement légère [28]. On est frappé par les points communs que présente ce témoignage, non seulement avec ceux de Marcel père et fils, mais aussi avec celui de Bessie Schreiber, première version, qui décrit également des chiffres alignés comme pour une addition. Un point très important est la mention de l'extrême solidité des feuilles métallisées ; en effet, dans un second témoignage, cité par Karl Pflock dans son étude, Walt Whitmore semble avoir oublié ce « détail » (or, Karl Pflock présente Walt Whitmore comme un témoin clé).

Walt Whitmore Jr a aussi raconté que son père avait essayé de visiter le site en voiture, mais qu'il en avait été empêché par un barrage de militaires armés. D'autres habitants de la ville auraient fait la même tentative, et se seraient fait refouler par des gardes prétextant qu'il s'agissait là d'un projet top secret. Whitmore Junior raconte que, quelques jours plus tard, il s'est lui-même aventuré sur le site. Sur un terrain d'environ 200 m, en forme d'éventail, il a vu des traces, dont les plus importantes étaient situées sur la partie la plus étroite de l'éventail.

### *Pressions sur les journalistes*

Walt Whitmore a bien enregistré, chez lui, le témoignage de Brazel, et a essayé sans succès de le transmettre par câble sur le réseau Mutual. Dans le même temps, il avait commencé une diffusion locale sur la radio K.G.F.L., à Roswell. Il a reçu alors, se souvient son fils Walt Jr, un appel téléphonique longue distance d'un certain Slowie, qui s'est présenté comme le secrétaire de la Commission des communications fédérales à Washington (la F.C.C., qui accorde les licences d'exploitation de radio et de télévision). Ce Slowie a informé Whitmore, sur un ton coupant court à toute discussion, que cette affaire mettait en cause la sûreté nationale et que, s'il tenait à garder sa licence, il lui déconseillait fortement de l'évoquer sur les ondes. Whitmore a reçu ensuite un second appel de Washington, cette fois du sénateur Chavez, du Nouveau-Mexique, à l'époque président du Comité des appropriations au Sénat. Chavez, toujours selon le témoignage du fils Withmore, a alors vivement conseillé au journaliste de se conformer à la directive de la F.C.C. Bien sûr, Whitmore s'est exécuté. J'ai pu évoquer cet épisode avec Walter Haut, qui m'a dit avoir bien connu Walt Whitmore : directeur de radio avisé, toujours à la recherche de l'information exclusive, ce « bon Américain » ne se serait jamais mis en travers de l'ordre établi. C'est ainsi que, dès le lendemain matin, mardi 8 juillet, Whitmore est allé livrer son témoin encombrant à la base militaire de Roswell [29].

La relation des faits, telle que l'a racontée le fils de Walt Whitmore, a été confirmée par deux autres témoins : le journaliste Frank Joyce de K.G.F.L. et le partenaire de Whitmore, George « Jud » Roberts, qui détenait une part minoritaire de la radio. Selon Joyce, cependant, s'ils ne diffusèrent pas ce soir-là, c'est qu'il était bien trop tard, la radio cessant d'émettre à 22 heures. Ils se contentèrent donc d'enregistrer l'entretien avec Brazel. Roberts confirme que Whitmore a bien « caché » Brazel chez lui pour la nuit, et qu'il a ensuite renoncé à diffuser l'entretien sur pressions directes de Washington : « On nous a dit que nous aurions vingt-quatre heures pour trouver une autre occupation, car nous n'aurions plus de radio [30]. »

Que penser de cette histoire ? Ces témoignages ne disent pas exactement à quelle heure les pressions furent exercées sur Whitmore, mais il est évident qu'elles intervinrent au cours de la journée du mardi 8 juillet, probablement dès le matin car Whitmore n'allait pas tarder à diffuser son entretien. Comment se fait-il que les autorités de Washington aient déjà été alertées quant aux intentions de Whitmore et aient décidé de le menacer ? Une réaction aussi rapide et brutale nous conduit à imaginer une histoire plus compliquée, un aspect encore caché de l'affaire.

Un autre incident mit en scène la télétypiste d'Albuquerque qui se vit interdire la transmission du récit du journaliste de Roswell. Selon le témoignage recueilli par Stanton Friedman et William Moore, la scène se passe le lundi 7 juillet. Lydia Sleppy est appelée, à la radio K.O.A.T. d'Albuquerque, par Johnny McBoyle, journaliste à K.S.W.S., à Roswell, radio dont il est en partie propriétaire. Cette station est associée à K.O.A.T., notamment pour diffuser des messages par télétype car il n'y en a pas à Roswell. Elle se rappelle les propos du journaliste, très excité : « Lydia, tenez-vous prête pour un scoop ! Nous voulons passer ceci tout de suite sur le réseau A.B.C. Écoutez cela ! Une soucoupe volante s'est écrasée... Non, je ne plaisante pas. Elle s'est écrasée près de Roswell. » Alors que Lydia commence à taper la retransmission du texte que lui dicte McBoyle au téléphone, la machine s'arrête soudain, après seulement quelques phrases. Elle en informe immédiatement le journaliste. Elle l'entend alors converser avec une tierce personne. « Attendez un peu », lui dit-il. À ce moment, son télétype se remet soudain en marche et imprime un message sans identification : « Attention Albuquerque : ne transmettez pas. Je répète : ne transmettez pas. Arrêtez la communication immédiatement. » Lydia, qui est toujours en ligne avec McBoyle, lui demande conseil. Le journaliste lui répond alors : « Oubliez cela. Vous n'en avez jamais entendu parler. Écoutez, vous n'êtes pas censée savoir. Ne parlez à personne de cela [31]. »

Un autre épisode intéressant concerne Jason Kellahin. Lui n'a pas été l'objet de pressions, mais pourrait bien, en revanche, avoir été victime d'une petite mise en scène relevant de la désinformation. Kellahin était journaliste à l'agence Associated Press d'Albuquerque. Sur instruction urgente de la maison mère de New York, Kellahin s'était rendu le mardi soir au *Roswell Daily Record*, à Roswell, pour assister à l'entretien du fermier Brazel avec la presse. Il était accompagné de son assistant Robin Adair, muni d'un appareil portable de télétransmission de photos (une première à Roswell !). Il n'a relaté cet épisode que bien plus tard, en janvier 1993, lors d'un entretien avec les enquêteurs Kevin Randle et Donald Schmitt, publié dans leur second livre, *The Truth About The UFO Crash at Roswell* (« La Vérité sur le crash d'ovni à Roswell », 1994). Kellahin croit se rappeler avoir été appelé de New York et être parti tôt, le matin du mardi 8, en voiture, en direction de Roswell. Il y a déjà là une ambiguïté, soulignée par Randle et Schmitt : comment l'Associated Press à New York pouvait-elle être au courant alors que le communiqué de la base ne fut diffusé que vers midi ? Quoi qu'il en soit, Kellahin se souvient ensuite d'un curieux épisode. Il dit avoir roulé avec Adair jusqu'à la petite ville de Vaughn, à mi-chemin entre Albuquerque et Roswell. C'est là, croit-il se rappeler, juste au sud de la ville, qu'avaient été trouvés les débris. Le ranch n'était pas très éloigné de la route principale, la 285, qui relie Vaughn à Roswell.

Ils prirent une petite route vers l'ouest et virent un rassemblement de véhicules et d'officiers de la base aérienne. Sur un terrain bordant la route, ils dénombrèrent cinq ou six officiers. Kellahin raconte qu'il a alors quitté son véhicule et s'est rendu sur le terrain pendant que son collègue Adair prenait des photos des débris, ainsi que du fermier Brazel, qui était présent.

Il convient de préciser que le ranch Foster est beaucoup plus loin de Vaughn que Kellahin le laisse entendre. Les enquêteurs qui s'y sont rendus parlent d'une véritable expédition, ainsi que l'a décrite Marc Rodegheir, président et directeur scientifique d'un des organismes d'enquêtes, le CUFOS (Center For UFO Studies) : il faut une heure et demie, à partir de Vaughn, pour atteindre le site des débris, sur des routes de plus en plus mauvaises. « Les derniers 10 ou 15 miles, sur des chemins de terre bordés de redoutables ornières, débouchent sur un dernier mile de terrain ouvert [32]. »

Kellahin se rappelle avoir posé à Brazel quelques questions, puis avoir examiné de près les débris : « Cela n'avait pas l'air exceptionnel. Juste du tissu de couleur argentée et du bois très léger, comme celui dont on fait les cerfs-volants... Je n'y ai pas touché, car les militaires l'interdisaient. Mais c'était un ballon. Cela ressemblait plus à un cerf-volant qu'à autre chose [33]. » Les débris recouvraient une petite surface, pas plus d'un quart d'hectare. Les militaires ne semblaient pas faire très attention à Kellahin. Il tenta bien de leur parler, mais il n'obtint aucune information. La scène fut brève, car les officiers levèrent la séance et retournèrent à Roswell avec Brazel. Kellahin et Adair repartirent alors, et arrivèrent à Roswell en fin de journée.

Le récit de Robin Adair, le collègue de Kellahin, est très différent. Adair se souvient qu'il se trouvait à El Paso, au Texas, quand il reçut un appel de New York lui enjoignant de se rendre d'urgence à Roswell avec son appareil de transmission de photographies. Il loua un petit avion (sans Kellahin) et, avant d'arriver à l'aérodrome municipal de Roswell, survola le ranch de Brazel « une demi-douzaine de fois ». Sur place, les militaires leur adressèrent des signaux pour leur commander, probablement, de partir ; aussi n'osèrent-ils pas survoler la zone de trop près, de peur qu'on ne les prenne pour cible. Adair rapporte que, malgré tout, il a quand même disposé d'une bonne vue générale du champ de débris. C'était une zone assez vaste, qui semblait brûlée par endroits. Il a aussi remarqué un sillon et des traces indiquant que ce qui avait heurté le sol devait être solide. Il eut l'impression que cet objet n'avait pas rebondi : il était tombé droit sur le sol, sans ricocher ni glisser. Adair dit aussi qu'il avait repéré deux sites dont l'un était plus remarquable que l'autre. Adair atterrit à Roswell et rejoignit Kellahin quelques minutes plus tard. Ils se rendirent ensemble au *Daily Record*, où Adair mit en place son matériel de transmission, une opération encore assez laborieuse à l'époque [34]. Kellahin se souvient aussi qu'Adair a développé sur place et transmis ses photos avec la machine. Une autre question surgit alors : où sont ces photos ? Aucun journal ne les a jamais reproduites et on ne les a jamais retrouvées. Or n'était-il pas intéressant de les publier ?

Il est clair qu'un des deux journalistes se trompe dans son récit, et il est évident aussi que celui de Kellahin laisse beaucoup de questions en suspens. Entre autres, comment a-t-il pu voir les débris sur le ranch alors qu'ils étaient, l'après-midi de ce même jour, en cours d'acheminement pour Fort Worth ? Tout cela nous conduit à une seule question : comment Kellahin a-t-il pu imaginer cette histoire plus que douteuse de visite du ranch ? Se pourrait-il qu'on ait organisé, spécialement à son intention, une petite mise en scène près de la route qui le menait à Roswell ? N'était-il pas un journaliste important, travaillant pour une grande agence de presse ?

Revenons au moment où William Brazel réapparaît le mardi soir, solidement encadré et accompagné de Walt Whitmore, pour s'entretenir avec la presse dans les locaux du *Roswell Daily Record.* Comme le journaliste Frank Joyce, de K.G.F.L., lui fait remarquer que son témoignage a bien évolué, Brazel finit par lui dire, avant de s'en aller : « Au fait, à propos de ces petits hommes verts, eh bien ! ils n'étaient pas verts. » Dans son livre, William Moore cite cette phrase, mais l'attribue par erreur à Whitmore, et c'est Joyce qui lui a signalé son erreur en lisant le livre. Il est piquant de noter, au passage, que Karl Pflock a cru pouvoir, sur la base de cette erreur, mettre en doute le témoignage de Joyce, mais il s'en est ensuite publiquement et courtoisement excusé.

Qu'est-il advenu de William Brazel après son départ de la base avec les militaires ? Selon certains témoins, il aurait été retenu à la base pendant une huitaine de jours, sans pouvoir communiquer avec l'extérieur, mais ce point est encore contesté. Son fils aîné, Bill Brazel, qui était déjà marié et vivait avec sa femme Shirley à Albuquerque, a raconté qu'il avait découvert l'histoire en voyant la photo de son père dans le journal d'Albuquerque. Il se rappelle avoir dit à sa femme : « Que diable a-t-il encore fait ? » Comprenant que son père était retenu à Roswell, il se rendit au ranch, deux ou trois jours plus tard, pour s'en occuper ; son père n'est revenu, selon son souvenir, que vers le 14 ou le 16 juillet, soit six à huit jours après. Incidemment, Bill a précisé que, contrairement à ce qu'avait dit sa sœur Bessie et à ce dont la presse avait fait état, leur père n'était certainement pas allé vendre sa laine à Roswell. Il la vendait toujours à une compagnie basée dans l'Utah, qui venait en prendre livraison sur le ranch avec ses propres camions. Toujours selon Bill Brazel, son père s'était plaint d'avoir été retenu si longtemps. Il était scandalisé de la façon dont on l'avait traité : « Bon sang, j'ai juste essayé de bien faire, et ils m'ont mis en prison pour cela [35] ! » On lui aurait même imposé un examen médical « de la tête aux pieds ». En fait, on apprendra plus tard, par le commandant Easley, à l'époque chef de la police de la base, qu'il avait été retenu non pas en prison, au sens littéral du terme, mais dans la maison d'hôtes de la base, sans pouvoir communiquer avec l'extérieur [36].

Le témoignage de Bill Brazel est confirmé par sa femme Shirley et par des voisins. Bill Brazel et les époux Proctor ont raconté que Brazel était devenu très silencieux sur cette affaire, ce qu'a confirmé la sœur aînée de Brazel, Lorraine Ferguson : « Mac répugnait à en parler... Il n'a jamais aimé être mis en vedette, et il était naturel qu'il refuse d'en parler. Il est vrai que les gens de l'armée de l'air lui avaient dit de se tenir tranquille. » Marian Strickland, autre voisine de Brazel, se souvient de lui, assis dans sa cuisine et se plaignant amèrement d'avoir été retenu à la base sans avoir seulement pu joindre sa femme (qui habitait à Tularosa). Bill confirme que son père fut peu loquace parce que l'armée lui avait fait prêter serment de ne jamais évoquer cet épisode. Et son père n'en a plus jamais parlé, jusqu'à sa mort en 1963 [37].

Brazel a-t-il vraiment été retenu une semaine à la base ? Naturellement, cet épisode est contesté par les sceptiques, qui invoquent la faiblesse des témoignages, de surcroît contredits par celui de Bessie. Mais pour quelles raisons mettrait-on en doute les témoignages de la famille et des voisins de Brazel, tous fort crédibles ?

# 3

# La mise en scène de Fort Worth

### *Relance de l'enquête par Randle et Schmitt*

En 1987 et 1988, les milieux ufologiques américains sont en effervescence, suite à l'obtention de témoignages concernant des ovnis accidentés, récupérés en grand secret par l'armée et contenant des cadavres de pilotes.

Leonard Stringfield s'est spécialisé dans ce type d'enquêtes. Il vient alors de publier son quatrième recueil de *Crash retrievals*, comme il les nomme, et prépare le suivant, qui doit paraître en janvier 1989. Il a pour principe de ne jamais dévoiler le nom de ses informateurs (est-ce pour cela qu'il en a tant ?) et, bien qu'il soit un enquêteur très estimé, il est impossible de lancer des enquêtes à partir de ses récits anonymes. Ses collègues en sont d'ailleurs très frustrés.

L'affaire Roswell, qui a déjà fait l'objet d'un livre et s'appuie sur de nombreux témoignages, reste à l'époque le cas le plus intéressant à étudier. William Moore a lui-même signalé qu'il restait de nombreuses pistes à prospecter.

À l'automne 1988, l'un des principaux organismes spécialisés, le Center For UFO Studies (CUFOS), créé par l'astronome Allen Hynek, décide de mener sa propre enquête. Le responsable des investigations, Donald Schmitt, se met au travail avec Kevin Randle, ancien officier des services de renseignements de l'armée de l'air, et ancien pilote d'hélicoptère. Tous deux, sceptiques au départ, comprennent cependant que quelque chose de bizarre s'est produit à Roswell. Leur travail donne lieu, en juillet 1991, à un premier livre, *UFO Crash at Roswell.* Cet ouvrage constitue une étape majeure dans la longue histoire de l'affaire Roswell. Il rassemble une centaine de témoignages, directs et indirects.

Randle et Schmitt évoquent dans leur livre les péripéties de leur enquête. Celle-ci a commencé par une rencontre avec Bill Brazel, le fils du fermier, vivant à Carrizozo, près des monts Capitan, la première chaîne des montagnes Rocheuses, à l'ouest de la plaine de Roswell. Elle s'est poursuivie autour des événements intervenus sur les bases militaires de Roswell et de Fort Worth.

Bill Brazel s'est d'abord montré réticent et peu bavard, expliquant que son père ne lui avait presque rien dit, les militaires lui ayant fait prêter serment de se taire : « C'était un cow-boy de la vieille école de l'Ouest. Il ne parlait pas beaucoup. Sa philosophie de la vie était que, si l'on ne peut rien dire de bon de quelqu'un, mieux vaut ne rien en dire du tout [1]. » Bill avait eu en main des débris ayant échappé au « nettoyage » militaire, débris qu'il avait retrouvés sur le terrain, en petit nombre, au cours des mois suivants. Cependant, ayant évoqué sa petite collection devant des voisins rencontrés à Corona, qui le questionnaient sans cesse sur cette histoire, il eut droit à une visite d'officiers de Roswell. Ceux-ci lui rappelèrent courtoisement que son père avait livré tous les débris, et lui firent comprendre qu'il devait en faire autant. Il s'exécuta.

La description des débris, faite de mémoire par Bill Brazel, confirme celles des autres témoins, exception faite de la déposition de sa sœur Bessie, en 1993. On retrouve d'abord les petites pièces de couleur grise, légères comme le balsa, mais beaucoup plus solides. Bill précise qu'il ne pouvait ni les casser ni les entailler avec son couteau. Suite à une question de Randle, il ajoute que ces pièces étaient légèrement flexibles, ou tout au moins la pièce la plus longue, qui mesurait environ 15 cm. Il y avait aussi les fameuses feuilles d'apparence métallique. Il en avait gardé certains morceaux pliés dans sa poche, et avait été très surpris, en les sortant, de les voir se déplier spontanément et redevenir parfaitement plats. C'était même devenu un jeu pour lui d'observer ce phénomène. Bill avait trouvé un autre type de débris, qu'il a été le premier à décrire : des morceaux de fil transparent, ressemblant à du gros fil de pêche en nylon, un article déjà populaire à l'époque, mais qui fait aujourd'hui penser à de la fibre optique [2].

Un autre aspect important du témoignage de Bill Brazel est sa description du champ de débris, où il dit avoir vu, contrairement au commandant Marcel, un sillon creusé dans le sol, au cours de ses promenades. Du haut d'un cheval, on peut observer à son aise le terrain, a-t-il remarqué, ajoutant : « Cette chose a laissé une forte empreinte sur le terrain. Un ou deux ans ont été nécessaires pour que l'herbe repousse et la masque. » Bill pensait que l'engin qui avait heurté le sol devait avoir une force terrible pour laisser une telle trace [3]. C'est encore Bill Brazel, faut-il préciser, qui a fait découvrir l'emplacement du champ de débris à Kevin Randle et Donald Schmitt, en les y conduisant en voiture, sur des routes et chemins plus ou moins cahoteux.

La description de ces traces est de la plus grande importance car elle contredit directement la thèse militaire du ballon-météo, et tout autant celle d'un train de ballons, devenue l'explication officielle de l'armée de l'air en 1994. Comment des ballons, même traînés au sol au cours d'une violente tempête, auraient-ils pu creuser une aussi profonde empreinte, longue de plus d'une centaine de mètres et encore visible deux ans plus tard ? De plus, Bill Brazel n'est pas le seul à avoir remarqué ces traces. Les sceptiques s'appuient de leur côté sur les témoignages de Jesse Marcel et de la fille de Brazel, qui ne les avaient pas observées.

Randle et Schmitt ont également obtenu de nouvelles précisions intéressantes de Loretta Proctor, la plus proche voisine de Brazel à l'époque. Elle leur a confirmé que « Mac » était le seul membre de la famille Brazel présent au ranch Foster. Le fils de Loretta, le jeune Timothy « Dee », âgé de sept ans, trop jeune d'ailleurs pour se souvenir avec précision des débris, se trouvait seul avec lui. Elle a confirmé de manière explicite l'absence de Bessie Brazel : « Non, elle n'était pas au ranch quand cela est arrivé. Il y en a certains qui embrouillent un peu cette histoire. Non, elle n'était pas là [4]. »

Le témoignage de Loretta Proctor est important ; il corrobore assez bien ceux de Bill Brazel et de Jesse Marcel père et fils. Il est confirmé par sa déclaration signée sous serment, en date du 5 mai 1991, que possède un autre organisme d'enquêtes, le Fund For UFO Research, lequel l'a publiée avec toute une série d'autres déclarations (elle figure même dans l'étude de Karl Pflock !). Il n'est pas inutile de la citer intégralement :

« En juillet 1947, mon voisin William W. "Mac" Brazel est venu à mon ranch et a montré à mon mari et moi-même un morceau de matériau provenant de débris répandus sur la propriété qu'il administrait. La pièce qu'il a apportée était de couleur brune, semblable à du plastique. Mon mari et lui ont essayé de la couper et de la brûler, sans succès. Elle était extrêmement légère. Je n'avais jamais rien vu de tel.

« "Mac" nous a expliqué qu'un autre type de débris, sur le terrain, ressemblait à une feuille d'aluminium très flexible, mais que l'on ne pouvait ni écraser ni brûler. Il y avait aussi quelque chose qu'il a décrit comme une sorte de ruban sur lequel figuraient des impressions de couleur pourpre. Ce n'était pas de l'écriture japonaise, a-t-il dit ; tels qu'il les a décrits, cela ressemblait à des hiéroglyphes.

« Un peu plus tard, mon mari, mon frère et l'un de ses amis ont vu "Mac" à Roswell, entouré de soldats. Il est passé juste à côté d'eux, sans leur dire un mot. L'armée l'a gardé cinq ou six jours. Quand il est revenu, il a déclaré que l'armée lui avait expliqué que l'objet en question était un ballon-météo. "Si j'en vois un autre, a-t-il ajouté, je me tairai." Il était très contrarié d'avoir été retenu aussi longtemps loin de chez lui. Il ne voulait plus en parler après son retour.

« "Mac" Brazel était un bon voisin, d'habitude assez amical. Ce n'était pas le genre de personne qui aurait menti ou monté une supercherie. Il savait à quoi ressemblaient les ballons-météo, car il en avait trouvé auparavant.

« La pièce que j'ai vue ne ressemblait à rien qui puisse faire partie d'un ballon-météo. J'avais moi-même déjà observé des ballons-météo. Je n'avais jamais rien vu de pareil.

« Je n'ai pas été payée, et l'on ne m'a rien donné en échange de cette déclaration. Ceci est la vérité, pour autant que je m'en souvienne. »

## Des témoins militaires

Que s'est-il donc passé à la base de Roswell, puis au quartier général de Fort Worth, au Texas ? Quel coup de folie a poussé le colonel Blanchard à annoncer la découverte d'une soucoupe volante, obligeant son supérieur direct à apporter un démenti le soir même ?

Randle et Schmitt ont voulu trouver d'autres militaires susceptibles de témoigner. En effet, Walter Haut, qui avait porté la nouvelle aux journaux et aux radios de Roswell, ne savait rien de plus, de son propre aveu, sinon que, dès le lendemain, une consigne de silence était tombée sur la base ; l'affaire avait alors été complètement « oubliée ». Randle et Schmitt ont pu vérifier cette information en consultant le journal de la base, l'*Atomic Blast*, conservé sur microfilm, et dans lequel pas un mot n'a été imprimé sur l'incident. Naturellement, on peut supposer que les autorités militaires locales n'avaient guère envie de s'étendre sur ce sujet embarrassant. Mais alors, pourquoi l'évoquer de nouveau trente ans plus tard ?

L'un des militaires les mieux placés pour parler, à condition qu'il fût d'accord, était l'homme qui, selon le commandant Marcel, l'avait accompagné sur le champ de débris au cours de cette journée du lundi 7 juillet : le capitaine Sheridan Cavitt, chef de l'antenne du corps de contre-espionnage de la base (Counter Intelligence

Corps, ou C.I.C.), un service de quatre personnes dont le principal assistant était le sergent-chef Lewis Rickett. À titre de comparaison, Jesse Marcel, commandant et responsable du service de renseignements *(Intelligence)*, avait sous ses ordres un capitaine et trois lieutenants [5]. Mais Cavitt, interrogé plusieurs fois par les enquêteurs, dont Randle et Schmitt en 1989 et 1990, est resté comme frappé d'amnésie, niant même s'être rendu sur place avec Marcel. Il n'a avoué cette visite qu'en 1994, une fois délivré de son serment : interrogé par l'armée de l'air, il s'est alors rappelé avec certitude qu'il s'agissait des restes d'un ballon ! En 1995, j'ai demandé à Karl Pflock, partisan de la thèse des ballons Mogul, s'il savait pourquoi Cavitt n'avait pas fait part aussitôt de son diagnostic à Marcel et à Blanchard. Pflock m'a dit lui avoir en effet posé cette question, mais Cavitt ne se souvenait plus !

Jesse Marcel a raconté qu'il entretenait des relations amicales avec Cavitt. Cependant, après être revenu de Fort Worth, où il avait dû présenter lui-même aux journalistes les débris de ballon qu'il était censé avoir pris pour une soucoupe, Marcel était, comme on peut l'imaginer, d'assez mauvaise humeur. Lorsqu'il retrouva Cavitt à la base, il lui demanda de lui présenter son rapport sur l'affaire. Celui-ci refusa. Jesse Marcel, très mécontent, lui fit observer qu'il était plus gradé que lui, mais Cavitt lui répondit qu'il tenait ses ordres de Washington et que, s'il voulait en savoir plus, c'était à Washington qu'il devait s'adresser [6].

Le sergent-chef Lewis Rickett, quant à lui, s'est montré plus disert. Mark Rodegheir, président et directeur scientifique du CUFOS, venu participer à l'enquête, a eu des entretiens avec lui en janvier 1990. Rickett a raconté que le capitaine Cavitt l'avait emmené sur le site, où il put observer la fin du nettoyage des débris. Quatre ou cinq véhicules militaires s'y trouvaient, et des MPs (policiers militaires) vérifièrent leur identité. Rappelons au passage que les adjoints du shérif de Roswell s'étaient vu interdire l'accès du site par les mêmes MPs. Sur le terrain, un premier groupe de quatre ou cinq MPs se tenait à l'endroit de l'impact supposé, et vingt-cinq ou trente autres entouraient le périmètre afin d'en protéger l'accès, sur ordre du chef de la police militaire. De nombreux débris jonchaient encore le sol. Rickett remarqua une pièce métallique légèrement courbée, très légère, mesurant environ 15 cm de large sur 30 à 35 cm de long : « J'ai essayé de la plier. Mes chefs ont ri en disant : "Le petit malin ! Il voudrait réussir là où nous avons échoué !" J'ai demandé si quelqu'un avait une idée de la nature de ce matériau si résistant et pourtant si mince. Puis, pendant que nous marchions, mon chef m'a dit : "Vous et moi ne sommes jamais venus ici. Il n'y a ici aucun personnel militaire." J'ai répondu : "Entendu. Nous n'avons jamais quitté le bureau." [7] » Par la suite, le capitaine a respecté la consigne, mais pas le sergent-chef.

Malheureusement, bien que sa bonne foi n'ait pas été mise en doute, l'intéressant témoignage de Rickett semble comporter quelque confusion. L'épisode qu'il relate est censé s'être déroulé sur le champ de débris, également appelé « site du crash » dans le premier livre de Randle et Schmitt. Dans leur deuxième livre, *The Truth About The UFO Crash at Roswell*, Rickett se trouve sur un second site, baptisé « site d'impact », où l'on aurait trouvé un engin et des cadavres, plusieurs jours avant la découverte du champ de débris. Voilà qui laisse planer un doute, c'est le moins qu'on puisse dire, sur l'exactitude du témoignage de Rickett tel que rapporté par Randle et Schmitt. Mais cette discordance ne semble pas avoir été relevée.

Les critiques ont en revanche insisté sur une autre déficience du témoignage du sergent-chef Rickett, relative à un épisode, au demeurant intéressant, mettant en scène un scientifique éminent, le professeur LaPaz, pour lequel il aurait travaillé. L'ufologue Robert Todd, très critique sur les enquêtes de Randle et Schmitt, l'a exposée dans la revue du Mutual UFO Network (MUFON), le principal organisme de recherche ufologique américain, éternel rival du CUFOS. (Ces rivalités ont toutefois le mérite de stimuler la concurrence entre chercheurs, dont les erreurs ne tardent pas à être mises au jour, ce qui devrait être de nature à renforcer la crédibilité des dossiers. Malheureusement, elle a également un effet contraire, celui d'offrir des arguments faciles aux éternels sceptiques, sur l'antienne : « Ils enquêtent mal, ils se trompent tout le temps et ils ne sont même pas d'accord entre eux »...)

Lewis Rickett, selon son témoignage rapporté par Randle et Schmitt dans *UFO Crash at Roswell*, aurait reçu l'ordre d'assister le professeur Lincoln LaPaz, directeur de l'Institut des météorites à l'université du Nouveau-Mexique, pour une mission d'enquête sur le terrain dans le cadre de l'affaire. Il s'agissait de repérer des points éventuels d'impact de l'engin sur le sol, en parcourant la région et en interrogeant les habitants. Ils recueillirent en effet des témoignages selon lesquels deux ou trois boules lumineuses se déplaçant ensemble auraient été vues. Certains, près de Corona, dirent avoir vu l'une des sources lumineuses se déliter, les deux autres tournant autour d'elle. Rickett se garda de conduire LaPaz sur le lieu du crash, mais ils découvrirent un autre site et d'autres traces ; là, le sol avait été « cristallisé », et quelques débris de feuilles métalliques étaient visibles. Selon Rickett, LaPaz pensait que l'engin en difficulté s'était posé pour tenter une réparation, mais qu'après avoir redécollé, il avait ensuite explosé au-dessus du champ de Brazel, laissant peut-être s'échapper un appareil de sauvetage. Rickett dit avoir revu LaPaz un an plus tard, à Albuquerque. Il avait alors changé d'avis et pensait qu'il s'agissait d'une sonde sans pilote, guidée à distance [8].

Robert Todd dit avoir été frappé, en lisant ce texte, par la similitude de la démarche de LaPaz avec une autre recherche qu'il avait menée lui-même, en 1949, sur les mystérieuses « boules de feu vertes ». Celles-ci faisaient de nombreuses apparitions dans le ciel de l'Ouest américain et inquiétaient les militaires. Todd a pu retrouver, dans les archives de la commission Livre Bleu (la commission d'enquêtes de l'armée de l'air sur les ovnis), un « rapport d'investigation », daté de février 1949, sur une apparition de ce genre près de la base de Roswell (devenue la Walker Air Force Base), dans lequel il est précisé que LaPaz avait été assisté par deux agents spéciaux, Jack Williams et Lewis Rickett. Rickett n'a-t-il pas confondu les deux affaires dans son souvenir ?

La question s'est compliquée du fait qu'un autre enquêteur, Fred Whiting, du Fund For UFO Research (FUFOR), a découvert un autre témoin, Earl Zimmerman, lui aussi agent des services de contre-espionnage de l'armée de l'air (appelés aujourd'hui A.F.O.S.I., pour Office of Special Investigations), qui avait travaillé avec LaPaz en 1949. Il se trouve que Zimmerman était en poste à la base de Roswell en 1947. Lorsqu'il en a fait part à LaPaz, celui-ci lui a raconté qu'il avait été impliqué dans l'enquête sur la chose trouvée à Roswell cet été-là, précisant même qu'il avait découvert un emplacement où la terre avait pris une couleur bleu pâle ; il se demandait si la foudre avait pu produire un tel effet. Voici comment Robert Todd interprète ces éléments : « À première vue, les déclarations de Zimmerman semblent confirmer la participation de LaPaz aux événements de Roswell. Cependant, comme dans le cas de Rickett, elles suggèrent que ses relations avec LaPaz avaient trait à l'enquête sur les boules de feu vertes. » Or, Robert Todd a découvert dans les archives du Livre Bleu que Zimmerman a bien été en poste d'observation pour le compte de LaPaz en 1949. N'a-t-il pas, lui aussi, confondu les dates ? Questionné sur ce point par Todd, Zimmerman lui a répondu qu'il ne savait pas exactement quand LaPaz avait pu « chasser des boules vertes ». Ainsi, conclut Todd, si le Dr LaPaz a révélé quoi que ce soit à Zimmerman concernant l'incident de Roswell, il est plus que probable qu'il s'agissait de l'incident le plus récent, celui de janvier 1949. Ce qui montre bien, ajoute Todd, la limite des enquêtes de Randle et Schmitt... D'où le chapeau de l'article de Todd, relevant du scepticisme le plus pur : « Il est certain que le professeur LaPaz cherchait quelque chose à Roswell. Était-ce une soucoupe volante ou une boule de feu verte [9] ? » Qu'on ne s'y trompe pas : pour tous les sceptiques, Robert Todd a démontré magistralement que l'intervention du professeur LaPaz dans l'affaire de Roswell était une histoire fausse. D'ailleurs, dans une lettre parue peu après dans la même revue, Karl Pflock félicite Todd, tout en rappelant qu'il était arrivé à la même conclusion dans son livre *Roswell in Perspective* [10]. Cependant, l'habile raisonnement de

Todd est loin de constituer une preuve, même s'il jette effectivement une ombre sur les témoignages de Rickett et de Zimmerman.

Randle et Schmitt citent dans leur livre d'autres témoignages provenant de la base de Roswell qui, s'ils ne sont pas décisifs, apportent quelques précisions. C'est ainsi que Joe Briley, officier responsable des opérations de la base à partir de la mi-juillet 1947, a confié à Randle que le colonel Blanchard s'était rendu sur le « site du crash ». Cette information totalement nouvelle et fort intéressante peut expliquer son départ en vacances en plein après-midi du mardi 8. Autre information inédite : Briley a ajouté que l'incident fut étouffé sur la base « dès l'arrivée des gens de Washington ». Fallait-il une délégation de la Capitale pour « liquider » cette lamentable « bévue » de la soucoupe ? Un autre témoin, Robert Shirkey, a assisté, du bureau des opérations, au chargement des débris à bord d'un avion par huit ou neuf soldats. Surtout, il a raconté que tous les MPs avaient été mutés sur d'autres bases au cours du mois suivant. Que de remue-ménage pour des débris de ballons ! Ou bien faut-il supposer que tous ces témoins ont menti ? Voilà qui nous conduit naturellement à Fort Worth, au Texas, et plus précisément dans le bureau du général Ramey, qui allait « enterrer » l'affaire de la « soucoupe de Roswell » pour trente ans.

### *Que s'est-il passé dans le bureau du général Ramey ?*

Le soir du 8 juillet, dans son bureau de la base de Forth Worth, au Texas, le général Ramey présente aux journalistes des débris de ballon en piteux état, plus exactement ceux d'une cible-radar *(Rawin target)*, apportés d'urgence à bord d'un bombardier B-29 : ceux-là mêmes que les aviateurs de Roswell étaient supposés avoir pris pour une soucoupe volante ! Le commandant Marcel, présent, reste silencieux ; les journaux du lendemain publieront sa photo, ainsi que celle de Ramey au côté de son adjoint, le colonel DuBose, posant tous trois, avec le sourire, devant ces débris ridicules*.

Que s'est-il réellement passé ? Quelle était la nature de ces débris ? Ces questions ont provoqué, à partir de 1991, à la suite du premier livre de Randle et Schmitt, l'une des polémiques les plus violentes de toute l'affaire Roswell ; elle dure encore aujourd'hui. Tous les experts qui ont examiné les photographies ont aussitôt identifié ces débris comme provenant d'une cible-radar de ballon. L'armée de l'air soutient, dans son rapport de 1994, qu'il s'agit très probablement de débris provenant d'un train de ballons du Projet Mogul, mais une confusion reste possible, du fait que ces ballons et ces cibles ne sont pas différents des ballons ordinaires. Si le général Ramey a parlé d'un ballon-météo, c'est que soit il n'était pas au courant lui-même du Projet Mogul, soit il voulait maintenir la confidentialité de ce projet ultra-secret. « Bien que l'armée de l'air n'ait pas apporté de preuve que le général Ramey ait reçu l'ordre de se rallier à la thèse du ballon-météo lors de sa conférence de presse, précise le rapport de l'armée de l'air, il a pu le faire, soit parce qu'il était au courant du Projet Mogul et a essayé de détourner l'attention de celui-ci, soit parce qu'il a soutenu l'identification du ballon-météo faite par son officier responsable de la météo, Irving Newton [11]. »

---

* Voir cahier hors texte, pages II et III.

Le vrai problème est que les débris présentés à Forth Worth ne ressemblent en rien aux étranges matériaux décrits par Jesse Marcel et les autres témoins, à l'exception peut-être de Bessie Schreiber. A-t-on substitué un ballon aux vrais débris ? C'est évidemment l'hypothèse des enquêteurs sur la piste de l'ovni, comme Randle et Schmitt, mais d'autres ont affirmé le contraire. Leur argumentation repose notamment sur des entretiens où Jesse Marcel, puis DuBose, ont déclaré que les vrais débris ont bien été apportés dans le bureau de Ramey – argument présenté encore aujourd'hui par les sceptiques (tel Pierre Lagrange dans le mensuel français *Science et Vie*, en août 1995) pour éliminer l'hypothèse de l'ovni. L'affaire est donc sérieuse et il convient de l'examiner en détail.

Un premier vol au départ de la base de Roswell a eu lieu dès le dimanche 6, selon le témoignage du général DuBose lui-même (recueilli par les enquêteurs alors qu'il était général à la retraite), sur ordre direct du général Clements McMullen, chef adjoint de l'armée de l'air au Pentagone. DuBose avait alors le grade de colonel et était chef d'état-major du général Roger Ramey, commandant la huitième armée aérienne, à Fort Worth. DuBose a dit qu'il avait été joint personnellement par McMullen au téléphone, vers deux ou trois heures de l'après-midi. Les débris d'un engin inconnu avaient été découverts par les aviateurs de Roswell ; DuBose était chargé de demander au colonel Blanchard d'en expédier une partie immédiatement par avion à Fort Worth, puis à Washington, sans délai. Le général DuBose affirme qu'il a effectivement réceptionné des débris, rassemblés dans un sac en plastique scellé, qui devait peser entre huit et dix kilos, et que c'est le commandant de la base de Fort Worth en personne, le colonel Clark, qui a aussitôt emporté le sac, toujours scellé, pour examen à Washington, en avion [12]. C'est aussi le général Mc Mullen qui lui a alors demandé d'oublier l'incident et de ne jamais en parler, pas même à sa famille.

Cet épisode montre que, dès le dimanche, l'affaire de Roswell intéressait déjà vivement le haut commandement militaire. Le mardi 8 juillet au matin, le colonel Blanchard, alors même qu'il faisait diffuser son communiqué de presse annonçant la découverte d'un « disque volant », prévenait le commandant Marcel de se préparer à acheminer les débris à Fort Worth le jour même – ou plutôt une partie de ces débris, puisque un petit volume seulement fut convoyé ce jour-là, bien qu'un bombardier quadrimoteur B-29 ait été mobilisé ! Il existe une description de ce vol, non seulement par Jesse Marcel, mais aussi par l'un des membres de l'équipage, Robert Porter. Celui-ci a fait une déposition signée (*affidavit* du 7 juin 1991) au Fund For UFO Research (FUFOR), qui a été diffusée non seulement par cet organisme, mais aussi par Karl Pflock ; un large extrait en a même été reproduit dans le fameux rapport de l'armée de l'air, en septembre 1994. En voici les passages principaux.

« J'ai fait partie de l'équipage qui a transporté par avion, à Fort Worth, des restes dont on nous a dit qu'ils provenaient d'une soucoupe volante. À bord se trouvaient le lieutenant-colonel Payne Jennings, commandant adjoint de la base, le lieutenant-colonel Barrowclough, le commandant Wunderlich et le commandant Jesse Marcel. Le capitaine William Anderson nous a déclaré que cela provenait d'une soucoupe volante. Après notre arrivée, le matériel a été transféré sur un

B-25. On m'a dit qu'il allait à Wright Field, près de Dayton, dans l'Ohio.

« J'ai participé au chargement du matériel à bord du B-29, dans des paquets enveloppés avec du papier d'emballage. L'une des pièces était de forme triangulaire, large d'environ deux pieds et demi à la base [75 cm]. Le reste se trouvait dans des petits paquets à peu près de la taille d'un carton à chaussures. Le papier brun était collé avec du ruban adhésif.

« Le matériau était extrêmement léger. Quand je l'ai eu en main, j'ai eu l'impression de tenir un paquet vide. Nous avons chargé dans l'avion le paquet en forme de triangle et les paquets en forme de boîte à chaussures. Tous ces paquets auraient pu tenir dans le coffre d'une voiture.

« Après avoir atterri à Fort Worth, le colonel Jennings nous a demandé de nous occuper de la maintenance de l'avion, ajoutant que, une fois que des gardes seraient postés, nous pourrions aller déjeuner.

« Quand nous sommes revenus après déjeuner, on nous a appris que le matériel avait été transféré à bord d'un B-25, et qu'il s'agissait d'un ballon-météo, mais je ne suis pas certain de cela. Je pense que le gouvernement devrait dire aux gens de quoi il s'agit [13]. » (Cette dernière phrase a été supprimée dans le rapport militaire...)

Le commandant Marcel se trouvait lui aussi à bord du B-29. Voici comment il a raconté ce même épisode, dans un entretien avec Bob Pratt (reproduit par Karl Pflock).

« Tôt le lendemain matin, mon colonel [Blanchard] m'a envoyé à Carswell [nom actuel de la base aérienne de Fort Worth] pour voir le général Ramey, commandant de la huitième armée aérienne. J'ai embarqué tout le matériel sur un B-29. Mon colonel m'a dit d'aller jusqu'à Wright-Patterson, dans l'Ohio [en 1947, terrain de Wright, et terrain de Patterson], mais, quand je suis arrivé à Carswell, le général Ramey n'y était pas. Des journalistes tenant des micros voulaient me parler, mais je ne pouvais rien dire tant que je n'avais pas parlé au général. Je devais d'abord me mettre sous ses ordres. Le général Ramey m'a déclaré : "Eh bien ! ne dites rien du tout." Je lui ai fait remarquer que le colonel Blanchard m'avait donné l'ordre de porter ce matériel à Wright-Patterson, mais il m'a répondu : "Laissez tout cela ici. Nous allons nous en occuper nous-mêmes, à présent." Ainsi, pour moi, l'opération était terminée [14]. »

Un autre entretien avec Jesse Marcel a été publié par William Moore dans *The Roswell Incident* ; il est en partie à l'origine des polémiques. Marcel y affirme que la presse a pu voir brièvement les vrais débris, après quoi on leur a substitué des débris de ballon. Il faut souligner ici que le livre de Moore, mis en forme par l'écrivain à succès Charles Berlitz, ne brille pas par son exactitude. À titre d'exemple, il fait dire à Jesse Marcel qu'il a été appelé à la base par le shérif de Roswell le 7 juillet. Erreur typographique, a reconnu plus tard William Moore : il fallait lire le 6 juillet ! Mais voici le contenu de l'entretien de Marcel, tel qu'il est reproduit dans ce livre.

« Juste après notre arrivée à Carswell, on nous a demandé de transporter une partie du matériel dans le bureau du général, qui souhaitait le voir. Nous en avons étendu une partie au sol, sur du papier brun. Ce n'était là qu'une petite partie des débris – il y en avait beaucoup plus. Dehors se trouvait un B-29 à moitié plein. Le général Ramey a autorisé quelques membres de la presse à photographier ce matériel. Ils ont pris une photo de moi, tenant l'un des morceaux les moins intéressants de débris métalliques. La presse a été autorisée à photographier cela, mais pas à s'avancer assez près pour y toucher. La photo montre des pièces véritables du matériel que nous avions trouvé. Elle n'a pas été truquée. Ensuite, ils ont remplacé les débris par autre chose, et ont alors autorisé d'autres photos. Elles ont été prises alors que les vrais débris étaient déjà en route pour le terrain de Wright. Je ne figure pas sur ces photos-là. »

Un peu plus loin dans l'entretien, Marcel précise encore que « c'est le général Ramey qui a monté l'histoire du ballon, juste pour nous débarrasser de la presse, à laquelle on a raconté que ce n'était qu'un ballon-météo et que le vol pour Wright-Patterson était annulé... Je n'ai pas été autorisé à parler aux journalistes, sauf pour répéter ce que le général m'avait demandé de dire. Tous voulaient me poser des questions, mais je ne pouvais rien leur dire. » Marcel précise encore que les journalistes n'ont pas vu du tout les matériaux où figuraient des signes – ou des « hiéroglyphes [15] ».

A-t-on réellement présenté à la presse une partie des vrais débris ? Ce récit, assez ambigu selon William Moore, le laisse supposer. Tout se précise dans un entretien ultérieur de Jesse Marcel avec son ancien collègue de Roswell, Walter Haut. Dans cet entretien, que Haut a rapporté à Randle et Schmitt en 1989, et que ceux-ci ont cité dans leur livre, Marcel déclare qu'il a bien apporté de vrais débris dans le bureau du général Ramey. Celui-ci les a examinés et lui a demandé de lui indiquer exactement à quel endroit l'objet s'était écrasé. Marcel et Ramey ont alors quitté le bureau pour se rendre dans la salle des cartes. Pendant qu'ils s'y trouvaient, les débris ont été emportés et remplacés par ceux d'un ballon-météo, bien avant que les journalistes n'aient pu pénétrer dans le bureau [16].

Ne perdons pas de vue que, dans cette affaire embrouillée, les témoignages de Jesse Marcel ont été rapportés par d'autres ; il n'est pas surprenant, dans ces conditions, d'y relever quelques contradictions. D'autre part, il faut encore compter avec les témoignages du général DuBose, qui s'est trouvé au cœur d'une violente polémique au cours des années 1990 et 1991 : a-t-il dit, oui ou non, que les vrais débris ont été montrés à la presse ? Curieusement, ce sont d'abord Moore et son ami Shandera qui ont avancé cette thèse, en 1990, alors que cette affirmation ébranlait la thèse de l'ovni, lancée dix ans auparavant par Moore lui-même. Attaqués dans des articles virulents, Randle et Schmitt ont finalement répliqué en publiant un nouvel entretien dans lequel DuBose nie ce fait catégoriquement. Ce dernier entretien a bien clarifié la question, semble-t-il, puisque la polémique s'est arrêtée là. Est-il bien nécessaire de déterrer aujourd'hui cette histoire, réglée en 1991 ? En commençant la rédaction de ce livre, je croyais pouvoir ne l'évoquer que brièvement, mais un observateur français des plus sceptiques, le sociologue Pierre Lagrange, s'est encore appuyé, dans le numéro de *Science et Vie* d'août 1995, sur l'entretien dans lequel DuBose dit que les vrais débris ont été montrés ! Il convient donc, avec patience, de tout réexaminer, en nous appuyant aussi sur d'autres témoignages, eux-mêmes problématiques, car ils ont évolué : celui du reporter Bond Johnson (Bond est son prénom), auteur des photos prises dans le bureau de Ramey, et celui de l'adjudant-chef Irvin Newton, l'homme qui a identifié le ballon-météo dans le bureau de Ramey.

Ces témoignages permettent de mieux reconstituer le scénario et d'expliquer plus clairement l'affaire DuBose.

Le photographe Bond J. Johnson, du *Fort Worth Star Telegram*, a raconté qu'il a été introduit directement dans le bureau du général Ramey (une procédure inhabituelle), où il a vu les débris étalés sur le sol : rien d'impressionnant, seulement quelques feuilles d'aluminium, des bouts de balsa et des pièces de caoutchouc brûlé qui empestaient. Johnson a dit qu'il a pris quatre photos des débris, avec Ramey seul, puis avec Ramey et le colonel DuBose, en train de les regarder. Il a parlé peu de temps avec Ramey, qui lui a déclaré : « Oh ! nous avons trouvé ce que c'est, vous savez, c'est un ballon-météo. » Johnson est ensuite parti au journal rédiger son article, publié le lendemain dans toute la presse avec les photos ; encore une fois, les débris qui y figurent sont manifestement ceux d'un ballon et d'une cible-radar, très abîmés. Ce n'est pas Johnson qui a photographié Marcel. On pense en réalité que c'est le commandant Cashon, officier de relations publiques de la base, qui s'en est chargé. Les autres journalistes sont arrivés plus tard, pour la conférence à laquelle Marcel était présent, sans pouvoir s'exprimer [17].

Une autre scène, assez cocasse, a été rapportée : il s'agit de la convocation d'Irving Newton. Le jeune adjudant Newton se trouvait seul dans son bureau du service météorologique lorsqu'un colonel l'a appelé pour lui demander de se rendre au bureau du général Ramey. Comme Newton refusait, arguant qu'il était seul à son poste, c'est Ramey en personne qui lui a ordonné, avec un sens remarquable de l'autorité militaire, d'« amener son derrière immédiatement » *(« Get your ass over here now ! »)* par la première voiture...

À son arrivée, un colonel l'a mis brièvement au courant : « Des officiers de Roswell croient avoir découvert une soucoupe volante, mais le général pense que c'est un ballon-météo ; il veut que vous le regardiez. » Quand Newton est entré dans le bureau, il a aussitôt reconnu une cible-radar *(Rawin target)* de ballon, et identifié l'odeur typique d'une enveloppe de Néoprène détériorée, comme il l'a précisé par la suite au professeur Charles Moore. Ce détail est intéressant car, selon ce dernier (un physicien qui dirigeait les lancements de ballons Mogul à White Sands), les enveloppes de Néoprène pouvaient se détériorer et se décomposer facilement, notamment par exposition au soleil, et dégager une odeur caractéristique, que le journaliste avait prise pour du caoutchouc brûlé. Selon le professeur Moore, ce fait plaide en faveur de l'authenticité de ces témoignages ; ces débris étaient donc bien des restes d'un ballon avec sa cible-radar [18].

Selon Newton, qui n'est resté que peu de temps dans le bureau, quelques journalistes et officiers, dont le commandant Marcel, étaient présents. Précisons que ce récit repose sur deux entretiens séparés, celui publié par Moore et celui publié par Randle et Schmitt, et qu'ils sont cohérents. Dans le second, Newton ajoute que Marcel, bien qu'il n'ait pas parlé avec les journalistes, lui a en revanche posé quelques questions, lui demandant s'il était bien sûr qu'il s'agissait d'un ballon normal. Il a semblé à Newton que Marcel cherchait seulement à « sauver la face » pour ne pas avoir l'air d'un ignorant incapable de différencier un ballon et une chose extraordinaire [19]. La remarque est capitale car, plus tard (voilà décidément un trait caractéristique de cette affaire), Newton a changé d'avis, lors d'un nouvel entretien réalisé pour le rapport militaire de 1994...

Voici ce que répond le commandant en retraite Newton, à l'armée de l'air, qui l'interroge en 1994 : « Pendant que j'examinais les débris, le commandant Marcel a ramassé des bouts de baguettes de la cible et a voulu me convaincre que certaines inscriptions étaient de nature extraterrestre. Sur les baguettes figuraient en effet des inscriptions dénuées de sens commun, de couleur lavande ou rose, qui semblaient avoir été effacées par l'action de l'atmosphère, mais je n'ai pas été convaincu qu'il s'agissait d'inscriptions extraterrestres [20]. »

Quelle est la version la plus crédible, celle de l'entretien avec Randle et Schmitt, le 25 mars 1990, publiée dans leur livre de 1991, présentant un Jesse Marcel psychologiquement cohérent, ou celle d'un Newton, retraité de l'armée de l'air, se retrouvant dans la situation délicate d'être l'un des cinq témoins interrogés par l'armée pour un rapport destiné à faire face à une enquête du Congrès américain ? Cette fois, le commandant Marcel fait figure de nigaud, voire d'imbécile ! Bien entendu, les sceptiques privilégient la seconde version, tel Pierre Lagrange, qui non seulement avalise le texte militaire, mais arrange à sa façon le premier entretien : « Tandis qu'ils observaient les débris de l'engin, Marcel ne cessait d'en désigner telle ou telle partie en demandant si elle pouvait appartenir à un ballon-sonde. Pour Newton, qui reconnaissait sans l'ombre d'une hésitation un ballon, Marcel lui donnait l'impression d'être mal à l'aise, pris entre son sentiment d'avoir affaire à quelque engin étrange et l'opinion de ses supérieurs qui affirmaient que c'étaient les restes d'un ballon [21]. » On appréciera cette réécriture subtile du premier entretien, qui fait de Marcel le benêt prenant une vessie pour une soucoupe !

Soyons clair. Il suffit de regarder attentivement les photographies publiées pour comprendre qu'elles montrent des débris de ballon. Les témoignages de Johnson et de Newton sont cohérents. Or, Marcel a affirmé trente ans plus tard avoir récupéré des débris extraordinaires, ce qu'ont confirmé plusieurs témoins directs ; il a révélé que Fort Worth avait été le théâtre d'une mise en scène, ce dont il s'est plaint auprès de Walter Haut, dont nous possédons le témoignage. J'ai rencontré personnellement Walter Haut à deux reprises et j'ai été impressionné par sa sincérité. Il m'a confirmé que, lorsqu'il a revu Jesse Marcel après le début des enquêtes, il lui a demandé s'il était bien sûr de ne pas s'être trompé. La réponse de Marcel a été de la plus grande fermeté : il était certain d'avoir récupéré des matériaux extraordinaires, qui n'étaient pas de fabrication humaine. Cela ne change rien que l'entretien publié par William Moore soit ambigu sur une partie du scénario (les premières photos). Par ailleurs, l'adjoint du général Ramey, le colonel DuBose, a affirmé la même chose, en dépit de quelques confusions dans les entretiens, qui ont cependant été éclaircies. L'examen des différents entretiens avec DuBose suggère d'ailleurs une explication des confusions apparentes sur le scénario de Fort Worth.

### *Le témoignage du général DuBose*

Le général Thomas Jefferson DuBose, ancien chef d'état-major du général Ramey à Fort Worth, a accordé plusieurs entretiens à différents journalistes et enquêteurs, en 1990 et en 1991, alors qu'il était à la retraite en Floride. Dès son premier entretien avec Kevin Randle et Donald Schmitt, en août 1990, il a affirmé que l'histoire du ballon-météo présenté à la presse était une couverture, sur ordre direct de Washington. Très âgé (87 ans), DuBose était toutefois en bonne santé physique et mentale lors de cet entretien, comme les enquêteurs l'ont reconnu. Il figure d'ailleurs parmi les vingt-huit témoins enregistrés dans la vidéocassette diffusée par le Fund For UFO Research. Le général DuBose, du fait de son grade et de la qualité de son récit, est l'un des témoins les plus importants de toute l'affaire Roswell. Une violente polémique s'est pourtant développée à son sujet à la suite de nouveaux entretiens, contradictoires.

Le compte rendu de Randle et Schmitt, publié en 1991 dans *UFO Crash at Roswell*, a connu la même année une deuxième publication, plus exhaustive, dans *The Roswell Report*, un gros document du Center For UFO Studies. Le premier vol, le dimanche 6 juillet 1947, a été relaté par DuBose à Randle et Schmitt. Il s'agissait d'acheminer un premier échantillon de débris, dans un sac en plastique scellé, qui n'a fait que transiter par Fort Worth sans même être ouvert. Concernant les événements du mardi 8, DuBose affirme clairement que l'histoire du ballon-météo a été imaginée pour se débarrasser des journalistes.

DuBose a aussi précisé un point controversé. La presse a annoncé, suite au communiqué de Roswell, que les débris allaient être acheminés à la base de Wright, dans l'Ohio, pour examen, mais que Ramey, après avoir identifié un ballon-météo, avait annulé le vol. Randle et Schmitt s'inscrivent en faux : « Bien que Ramey, devant les journalistes, ait donné l'ordre d'annuler le vol spécial [vers le terrain de Wright], il ne l'a pas été. En fait, selon DuBose, le général Clements McMullen a ordonné à Ramey de maquiller toute l'affaire. On voulait "éteindre l'incendie" aussi vite que possible [22]. » Ce point a été confirmé par une dépêche du bureau du F.B.I. à Dallas, le 8 juillet, à 18 h 17, retrouvée par l'enquêteur Brad Spark dans un lot de documents, en application de la loi sur la liberté de l'information. Cette dépêche précisait : « Disque et ballon transportés au terrain de Wright par avion spécial pour examen [23]. » Le scénario du « maquillage » prend forme.

Qu'en est-il des débris montrés à la presse – un point très controversé ? Dans *The Roswell Report*, Randle et Schmitt précisent que, lorsqu'ils ont demandé à DuBose s'il avait vu le vrai matériel, sa réponse a été aussi nette qu'immédiate : « Jamais », a-t-il insisté. D'ailleurs, ils n'avaient pas été présentés (et n'avaient donc pas été photographiés par les journalistes) dans le bureau de Ramey, contrairement à ce que l'entretien Moore / Marcel laisse entendre. À ce sujet, Randle et Schmitt disent avoir interrogé Stanton Friedman, qui a eu en 1978 plusieurs entretiens avec le commandant Marcel, aujourd'hui décédé, et qui a affirmé que Marcel ne lui a jamais dit un mot sur les photos – pas plus qu'à Leonard Stringfield, qui l'a également interviewé, en avril 1978. Stringfield a d'ailleurs eu droit au commentaire suivant : « Si des photos des vrais débris existaient, je suis sûr que Marcel l'aurait signalé, or il ne l'a jamais fait. » Randle et Schmitt citent encore un autre journaliste, Johnny Mann, qui a interviewé Marcel et a tourné avec lui, à Roswell, une série de cinq émissions de télévision. Mann a été troublé lorsque Marcel lui a dit qu'il avait été photographié avec les vrais débris. Un peu plus tard, il a montré à Marcel la photo publiée dans la presse de l'époque et reproduite dans le livre de Moore [24], où il apparaît devant les débris. « Jesse, cela ressemble à un ballon-météo », lui a-t-il fait remarquer. Ce à quoi Marcel a répondu : « Non, non. Cette photo est une mise en scène. Ce n'est pas le matériel que j'avais rapporté chez moi [25]. »

Venons-en aux argumentations embrouillées de Moore et Shandera (qui ont été, à la fin des années 80, totalement décrédibilisés dans le monde de l'ufologie [26]). Après avoir interviewé DuBose, ils ont « révélé », en septembre 1990, que, selon lui, ce sont les vrais débris qui furent montrés à la presse et photographiés... Moore et Shandera demeuraient toutefois partisans de l'hypothèse ovni. Cela signifiait simplement que les débris de l'ovni avaient un air de ressemblance avec ceux d'un ballon... Avaient-ils conscience de servir ainsi la cause des sceptiques ?

Devant les doutes exprimés par d'autres enquêteurs, Jaime Shandera, seul cette fois, a publié en janvier 1991 un article de plus de six pages, dans la revue du MUFON. Il confirme, très véhémentement, les déclarations du général DuBose, confortées selon lui par deux nouveaux entretiens. Cet article, à première vue dévastateur pour l'équipe Randle et Schmitt, a semé un temps le trouble dans les esprits. Sur une première question de Shandera, DuBose y confirme que personne ne savait ce qu'étaient ces débris (mais à quels débris pense DuBose ?). Suit un dialogue, apparemment dépourvu de toute ambiguïté :

« *Question :* – Deux chercheurs [Don Schmitt et Kevin Randle] disent que les débris présentés dans le bureau du général Ramey ont été remplacés par un ballon-météo.

« *Réponse de DuBose :* – Nom d'un chien ! Ce matériel n'a jamais été changé !

« – Vous dites donc que le matériel dans le bureau du général Ramey a bien été apporté de Roswell ?

« – C'est absolument exact. »

Pour Shandera, cela signifie que ce sont les vrais débris de l'ovni qui ont été montrés, lesquels ressemblaient à des débris de ballon. Or, personne ne conteste que les débris présentés à la presse et photographiés étaient vraiment ceux d'un ballon, quel qu'en soit le modèle. Pour les sceptiques, c'est là la preuve que les aviateurs de Roswell avaient bien récupéré un ballon. Hélas, l'échange suivant remet en question ce raisonnement impeccable :

« *Question :* – Mais le général Ramey a pourtant bien monté une *cover story* affirmant que c'était du matériel météo ?

« *Réponse :* – Oui. Nous avions reçu l'ordre de nous débarrasser de la presse. Les événements commençaient à nous échapper. Je ne me rappelle pas exactement qui a eu l'idée d'imaginer l'histoire du matériel météo. »

Mais voici maintenant un point capital. Dans la suite de l'entretien, DuBose précise que c'est lui qui a réceptionné le matériel convoyé par bombardier, dans un sac postal en toile, et qu'il l'a porté lui-même et étalé dans le bureau de Ramey. Quant à Marcel, il n'était pas là :

« *Question :* – Ainsi, Marcel n'est pas venu avec ce sac ?

« *Réponse :* – Pas à ce moment-là. Ou bien je ne m'en suis pas rendu compte. Peut-être n'était-il pas à bord de cet avion. J'ai porté ce sac au bureau de Ramey. Il y avait dedans un tas de détritus. Nous l'avons déballé et étalé sur le sol. Cela m'a laissé froid [27]. »

Plus loin, DuBose précise encore que Marcel est peut-être arrivé plus tard, pour la séance avec les journalistes : « Peut-être était-il dans la même pièce... » Puis DuBose répète qu'il ne savait pas si Marcel se trouvait dans l'avion, ni s'il y avait d'autres débris dedans [28].

Au terme de ce témoignage, le scénario est devenu singulièrement complexe ; on compte désormais plusieurs avions, à moins qu'il y ait eu deux livraisons séparées à bord du même appareil, Marcel apportant d'abord les vrais débris, sans savoir qu'une seconde livraison va être réceptionnée par DuBose, celle des débris de ballon, DuBose n'étant lui-même pas au courant de la première livraison, et croyant donc réceptionner les vrais débris, tout en sachant qu'il y a mise en scène d'un ballon-météo pour la presse ! Il apparaît donc que DuBose, comme Marcel, ne connaissaient qu'une partie du scénario de Fort Worth, mis au point par Ramey et Blanchard sur ordres directs de Washington. À aucun moment DuBose n'a vu les vrais débris, d'où sa confusion devant Moore et Shandera.

À la suite de l'article de Shandera, Randle et Schmitt ont bien entendu souhaité tirer l'affaire au clair, dans la mesure du possible, et ont eu un nouvel entretien avec le général DuBose, publié par la revue du MUFON en avril 1991. Ce long article de six pages reprend des éléments déjà évoqués (et republiés ensuite dans l'étude du CUFOS, en juillet 1991). Il se concentre sur la question essentielle : les débris présentés dans le bureau de Ramey étaient-ils vrais ou faux ?

« Nous avons demandé au général, écrivent Randle et Schmitt, s'il avait jamais vu les débris ramassés à Roswell. Il nous avait déjà dit, dans nos deux entretiens enregistrés sur vidéo, qu'il n'avait jamais vu les vrais débris, mais la formulation de la question, et la discussion qui la précédait, laissait place à diverses interprétations. Aussi avons-nous reformulé la question de manière spécifique en évoquant les débris de Roswell, et non pas seulement les débris du vol du 6 juillet. DuBose avait-il jamais vu les vrais débris ? La réponse de DuBose fut un "NON !!!" retentissant. Il n'avait jamais vu les débris de Roswell. À aucun moment. Nous lui avons ensuite demandé si les débris sur le sol du bureau de Ramey étaient les débris de Roswell. Une question simple, directe, sans ambiguïté aucune. De nouveau, sa réponse fut "non". Une réponse simple, directe, ne laissant aucune place à l'interprétation [29]. »

Cette mise au point coïncide avec tout ce que nous savons déjà sur l'affaire Roswell : la nature très étrange des vrais débris, la mise en scène de Fort Worth, et l'humiliation que Jesse Marcel a dû subir silencieusement – plus précisément encore, son récit de l'épisode de Fort Worth, celui du journaliste Bond Johnson, et celui d'Irving Newton (première manière) ; enfin, les photos elles-mêmes, qui montrent manifestement un ballon. Il n'est tout simplement pas possible que le commandant Marcel et le colonel Blanchard, responsable des bombardiers atomiques, aient pu prendre ces misérables débris, un « tas de déchets » selon DuBose, pour un « disque volant » aux performances inouïes. La conclusion s'impose que les vrais débris, apportés par Marcel, ont été cachés : ils n'ont même pas été « remplacés », puisqu'ils n'ont jamais été étalés sur le sol du bureau de Ramey. Et c'est pourquoi DuBose, qui n'a pas vu les vrais débris apportés par Marcel, a affirmé à Moore et Shandera qu'il n'y a pas eu de substitution – un malentendu bien regrettable, monté en épingle par ces enquêteurs, et bien entendu par les sceptiques, encore aujourd'hui.

Une conséquence très importante du récit de DuBose est que l'instrument de la mise en scène de Fort Worth – les débris de ballon et de cible-radar – provenait de Roswell. D'une part, cela répond à une objection mise en avant par le sceptique Philip Klass, qui s'est demandé d'où pouvaient bien sortir ces débris de ballon Mogul ramassés par Marcel, dans l'hypothèse où ce n'était pas les vrais débris : « Où Ramey a-t-il bien pu obtenir ces débris aussi rapidement ? demande Klass. Rappelons-nous que Newton affirme qu'il était seul au bureau météo quand Ramey l'a appelé ; or Newton n'a jamais dit, pour autant que je sache, que Ramey lui a demandé d'apporter un ballon avec sa cible-radar [30]. » Eh bien ! ces débris venaient de Roswell. C'est DuBose qui a reçu le sac et l'a porté au bureau de Ramey ! Cette révélation de DuBose indique que la mise en scène de Fort Worth n'a pas été réalisée par le seul général Ramey, mais avec l'aide directe du colonel Blanchard, qui lui a fait parvenir des débris de ballon. DuBose a aussi précisé que cet envoi du mardi a été ordonné directement de Washington par le général McMullen au colonel Blanchard, en court-circuitant l'état-major de Fort Worth, alors qu'il était passé par DuBose pour l'envoi du dimanche 6 juillet [31]. Autrement dit, à une heure non déterminée de la journée du mardi 8 juillet, peut-être en début d'après-midi, la mise en scène du ballon aurait été organisée depuis Washington. L'heure est importante, car on se souvient que la diffusion du communiqué de presse de la base de Roswell annonçant la récupération de la soucoupe est intervenue en fin de matinée.

À quelle heure a décollé l'appareil convoyant le sac de toile contenant les débris de ballon ? DuBose n'a pas précisé quand il est arrivé à Fort Worth, mais il est plausible que cela ait été organisé dans l'après-midi, la liaison Roswell-Fort Worth n'étant pas très longue (670 km à vol d'oiseau). La vitesse de croisière d'un bombardier B-29 étant de l'ordre de 460 km/h, il lui fallait donc entre une heure et demie et deux heures pour couvrir le trajet, auxquelles il faut ajouter une heure de décalage horaire. Voilà qui laissait largement le temps d'organiser une présentation à la presse dans le bureau de Ramey : elle eut lieu le soir, vers 19 heures. D'autre part, on connaît précisément l'heure à laquelle le démenti a commencé à être diffusé : selon le *Dallas Morning News* du 9 juillet, le commandant Kirton, responsable du service de renseignements à Fort Worth, en a informé ce journal dès 17 h 30 [32].

Bien entendu, tout cela n'est que spéculation, diront les sceptiques. Voici, à titre d'exemple, comment le témoignage du général DuBose est résumé par Pierre Lagrange, dans la revue *Science et Vie* : « Un autre témoin, le général DuBose, également présent à la séance de photos, a lui aussi affirmé dans un entretien que les débris photographiés étaient ceux de la soucoupe. Seulement, au cours d'autres entretiens, le même général a modifié son témoignage, sur l'insistance d'enquêteurs pro-ovnis, affirmant que les débris photographiés étaient ceux d'un ballon, substitués à ceux de la soucoupe. Ces différences illustrent la fragilité d'un témoignage qui s'appuie sur des souvenirs vieux de quarante ans [33]. » Et comment ce sociologue présente-t-il les autres témoignages sur les débris, qui ont tellement impressionné les aviateurs de Roswell ? Sans s'y attarder : « Mais en 1947, au moment où il recueille les débris dans le champ de Brazel, que pense Marcel ? On sait simplement qu'il est suffisamment intrigué par les débris pour réveiller sa famille en pleine nuit pour les leur montrer [34]. » Lagrange cite ensuite le témoignage de Newton, présentant Marcel comme un nigaud. Un peu plus loin, il fait allusion aux descriptions de débris, après s'être interrogé sur la confusion, peut-être compréhensible, des militaires de 1947 : « En outre, la description qu'ils en donnent nous semble assez peu soucoupique : des baguettes, un matériau ressemblant à du balsa, des feuilles d'aluminium, un ruban adhésif rose avec des sortes de dessins ou de hiéroglyphes ; tout cela est assez éloigné de la belle soucoupe en métal inconnu sur Terre. Encore faut-il se replacer dans le contexte : des détails, peu futuristes pour nous, pouvaient très bien l'être en 1947 [35]. » On appréciera ici le jugement pénétrant, de bon ton psychosociologique universitaire, porté sur de naïfs aviateurs de la force atomique, triés sur le volet !

Concluons cet épisode de Fort Worth sur un « détail » très évocateur du secret qui entoure cette affaire. Le général DuBose a aussi raconté à plusieurs enquêteurs (dont les comptes rendus sont tout à fait convergents sur ce point) qu'il avait reçu instruction du général McMullen, par téléphone, de se taire et de tout oublier. Ce fait s'est produit lors du premier vol, celui du dimanche 6 juillet, comme si dès cette date, pour les autorités de Washington, l'affaire revêtait la plus haute importance. Shandera rapporte les dires de DuBose : « McMullen m'a dit en termes on ne peut plus clairs : "Prenez ceci [le premier envoi de débris], veillez à ce que cela me soit envoyé personnellement, et n'en parlez à aucune âme, vivante ou morte, ni à votre femme, ni à votre fils, à jamais. Est-ce bien compris ?" » Plus tard, après le départ du colonel Clark pour Washington avec le précieux sac scellé, à bord d'un B-25, McMullen lui a répété au téléphone : « Je ne veux plus rien vous entendre dire à ce sujet. » Puis il a ordonné de lui passer le général Ramey, auquel il a dit (DuBose a entendu la suite sur l'interphone) : « Écoutez-moi : quelle que soit la nature de ce matériel, cela ne vous regarde pas. Oubliez. N'en faites jamais mention. N'en parlez à personne, ni à un journal, ni ailleurs. Je vous demande de l'oublier [36]. »

Si le but de l'opération était de protéger le Projet Mogul, pourquoi les dirigeants de Washington étaient-ils aussi anxieux, dès le dimanche 6 juillet, alors qu'il n'y avait encore aucune raison de faire le rapprochement entre ces étranges débris et les trains de ballons ? Personne ne se souciait alors des ballons Mogul, lancés discrètement à White Sands, ni même d'aller les rechercher sur le terrain – comme l'a reconnu le professeur Moore, responsable scientifique du projet –, sur ce territoire du Nouveau-Mexique aux vastes étendues semi-arides, très peu peuplées. Moore a même avoué ignorer lui-même, à l'époque, le nom de code du projet. Pour lui, il s'agissait de lancer des systèmes de ballons expérimentaux capables de se maintenir à haute altitude, conçus par l'université de New York, suite à une commande militaire.

En revanche, dès les premières recherches de Friedman et Moore, les enquêteurs ont réuni les indices d'une découverte beaucoup plus importante que celle des débris : sur un autre site, un engin non terrestre aurait été retrouvé, ainsi que des cadavres non humains, plusieurs jours auparavant. Voilà qui pourrait expliquer la nervosité des autorités à propos de l'affaire Roswell.

Leased Wire Associated Press

# Roswell Daily Record

RECORD PHONES Business Office 2288 News Department 2287

ROSWELL, NEW MEXICO, TUESDAY, JULY 8, 1947

## RAAF Captures Flying Saucer On Ranch in Roswell Region

Movies as Usual

Claims Army Is Stacking Courts Martial

Indiana Senator Lays Protest Before Patterson

House Passes Tax Slash by Large Margin

Defeat Amendment By Demos to Remove Many from Rolls

Security Council Paves Way to Talks On Arms Reductions

No Details of Flying Disk Are Revealed

Roswell Hardware Man and Wife Report Disk Seen

Ex-King Carol Weds Mme. Lupescu

Some of Soviet Satellites May Attend Paris Meeting

Une du *Roswell Daily Record* du 8 juillet 1947.

Leased Wire Associated Press

# Roswell Daily Record

RECORD PHONES Business Office 2288 News Department 2287

ROSWELL, NEW MEXICO, WEDNESDAY, JULY 9, 1947

## Gen. Ramey Empties Roswell Saucer

Lewis Pushes Advantage in New Contract

Southern Mines Only Hold-outs In New Contract

Sheriff Wilcox Takes Leading Role in Excitement Over Report 'Saucer' Found

Arrest 2,000 In Athens in Commie Plot

Revolution Was Set to Be Pulled Off Thursday

Send First Roswell Wire Photos from Record Office

Ramey Says Excitement Is Not Justified

General Ramey Says Disk Is Weather Balloon

Une du *Roswell Daily Record* du 9 juillet 1947.

Le lieutenant Walter Haut (à droite), qui a porté aux journaux et radios de Roswell le communiqué de presse de la base aérienne annonçant la découverte d'un «disque volant» (doc. W. Haut).

Le colonel W. Blanchard (à gauche), commandant du Groupe de bombardement de Roswell qui a fait diffuser le communiqué de presse (ph. *U.S. Air Force*, avec l'autorisation du *National Air and Space Museum*, Smithsonian Institution).

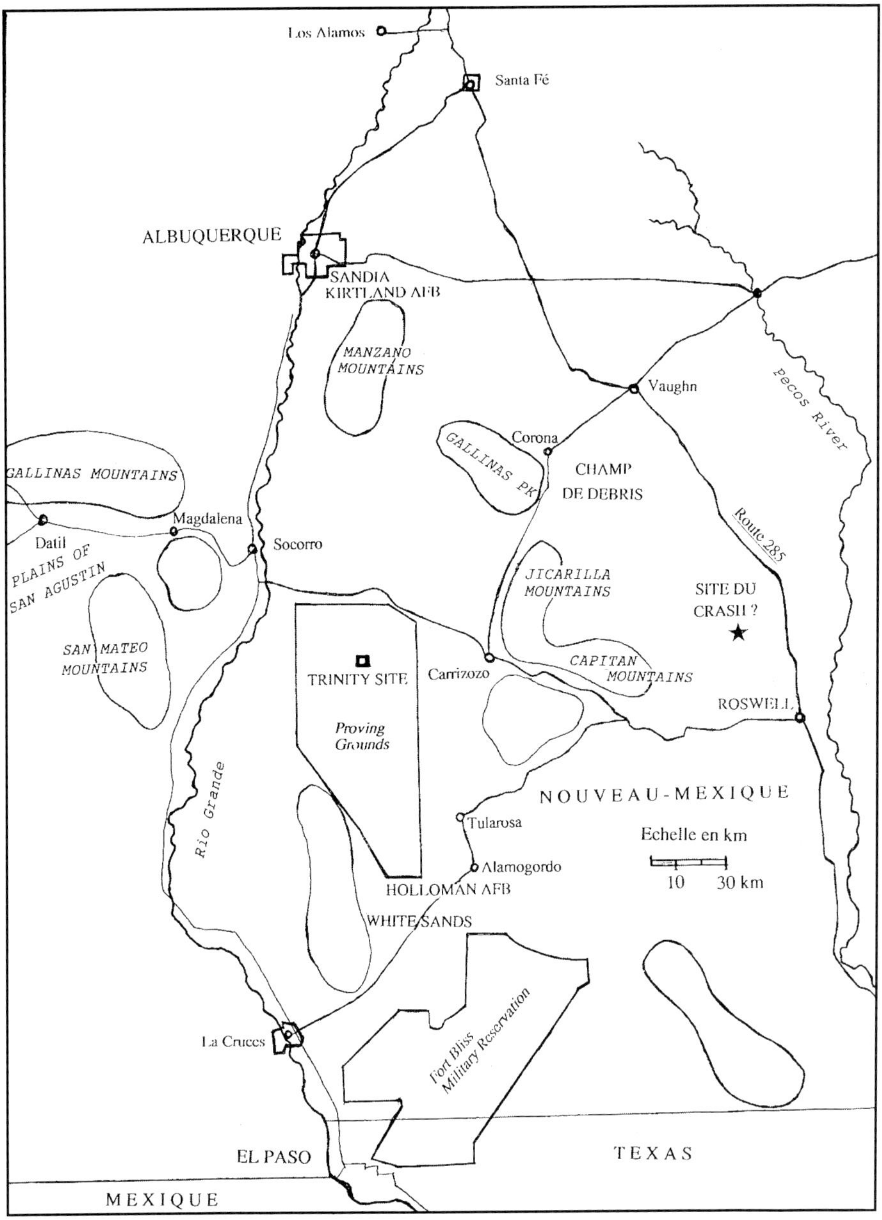


Carte du Nouveau-Mexique (doc. G. Bourdais).

Kevin Randle,
l'un des principaux
enquêteurs
(ph. G. Bourdais).

Donald Schmitt, co-auteur
avec Kevin Randle
de deux livres
sur l'affaire Roswell
(ph. G. Bourdais).

Le lieu supposé du crash, selon les témoignages recueillis par Randle et Schmitt.
En juillet 1995, la ville de Roswell a organisé, pour la première fois, des visites du site
(ph. G. Bourdais).

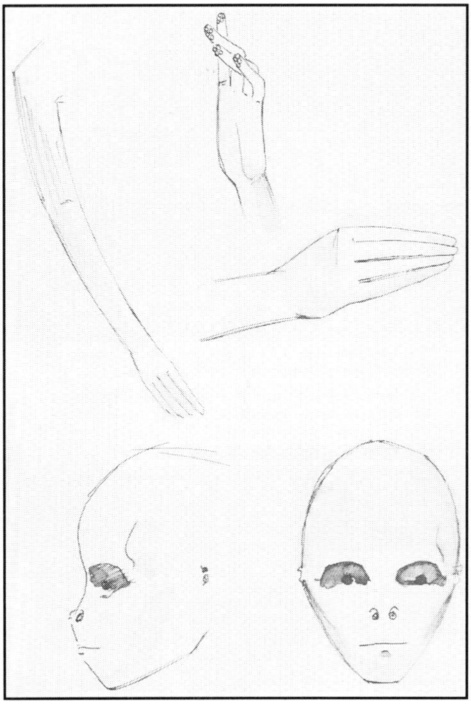

Croquis de cadavres qui auraient été examinés à l'hôpital de la base aérienne de Roswell, réalisés d'après le témoignage recueilli par Glenn Dennis auprès d'une infirmière militaire. À noter les mains dotées de quatre doigts et les petites ventouses au bout de ceux-ci (doc. K. Randle et D. Schmitt).

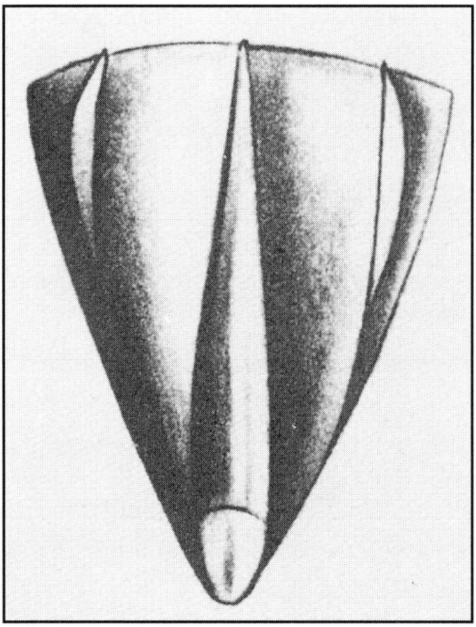

Esquisse de l'engin extraterrestre qui se serait écrasé au nord de Roswell, d'après les descriptions de trois témoins directs (dessin Donald Schmitt, dans *The Truth about the UFO Crash at Roswell*).

# 4

# Un ovni et des cadavres ?

## *Les confidences de l'ingénieur Barnett*

L'armée américaine a-t-elle récupéré en grand secret, début juillet 1947, un ovni accidenté, avec ses occupants, morts ou vifs ? Depuis le début des enquêtes, en 1978, l'affaire Roswell tient dans cette question. Stanton Friedman a raconté, dans son livre *Crash at Corona* [1], comment il a recueilli rapidement un premier témoignage, indirect il est vrai, sur l'accident.

Le 24 octobre 1978, alors qu'il vient d'achever une conférence à l'université de l'État du Minnesota, Friedman est abordé discrètement par un couple d'un certain âge, Vern et Jean Maltais. A-t-il jamais entendu parler, lui demandent-ils, d'une soucoupe qui se serait écrasée au Nouveau-Mexique ? Friedman acquiesce. En quelques mots, et sans autre précision, ses interlocuteurs lui apprennent alors qu'un de leurs amis, Grady « Barney » Barnett, leur a affirmé avoir vu une soucoupe accidentée et des corps non humains, au Nouveau-Mexique, vers la fin des années 40. Barnett, alors ingénieur au service du gouvernement, était un homme respecté. Vern et Jean Maltais n'avaient donc aucune raison de mettre en doute la véracité de son récit, en dépit de son étrangeté.

Le même jour, Friedman rencontre William Moore, qui habite la région. Il est alors professeur de lycée et ufologue. Les deux hommes se connaissent depuis une dizaine d'années. Friedman lui suggère de mener l'enquête à partir du témoignage des époux Maltais. C'est ainsi que William Moore, après avoir réalisé trois entretiens avec les Maltais en 1979, devient le premier exégète de l'affaire en publiant, en 1980, *The Roswell Incident*. Friedman ne publiera son propre livre que douze ans plus tard, fort d'un nouveau témoignage sensationnel, celui de Gerald Anderson. Mais qu'avait donc vu Barnett ?

En 1947, Grady « Barney » Barnett habitait à Socorro, dans la vallée du Rio Grande, à mi-chemin entre Albuquerque et El Paso, sur la frontière mexicaine. Il travaillait dans la région en tant qu'ingénieur civil gouvernemental pour le Service de conservation des sols. Ancien combattant de la Première Guerre mondiale, ancien commandant de la Légion américaine, il était un citoyen modèle, conservateur, comme le révèle l'enquête de William Moore dans son entourage. Selon Holm Bursum, ancien maire de Socorro, jamais Barnett n'aurait inventé une telle histoire.

Selon Vern Maltais, Barnett a raconté qu'il travaillait sur le terrain, un matin, près de Magdalena, une petite ville à l'ouest de Socorro, quand il remarqua les reflets d'un objet métallique. Supposant qu'un avion s'était écrasé pendant la nuit, il se rendit sur place, à un ou deux kilomètres de là. En s'approchant, il se rendit compte qu'au lieu d'un avion gisait là un objet métallique en forme de disque, d'environ huit à dix mètres de diamètre, paraissant d'acier inoxydable sali. Il fut bientôt rejoint par d'autres personnes qui se présentèrent comme faisant partie d'une équipe de recherche archéologique de l'université de Pennsylvanie. Ils avaient assisté à la chute de l'engin, croyant eux aussi que c'était un avion accidenté.

C'est alors qu'ils découvrirent des corps, à même le sol. Barnett supposait qu'il y en avait d'autres à l'intérieur du disque, éventré par une explosion ou par la violence de l'impact, ce qu'il put vérifier en s'approchant de l'objet. Tous paraissaient morts. Ceux qui se trouvaient à l'extérieur avaient sans doute été projetés par le choc (Barnett n'a pas précisé combien de corps il avait vu). Ils étaient anthropomorphes, quoiqu'on ne pût les confondre avec des êtres humains. Leur crâne, dépourvu de cheveux, était rond. Leurs yeux, petits, étaient bizarrement placés. De taille très inférieure aux êtres humains, leur tête était cependant plus grosse que la nôtre, proportionnellement à leur corps. Leur vêtement semblait fait d'une seule pièce, de couleur grise. On n'y décelait ni boutons, ni ceinture, ni fermeture Éclair. Il sembla à Barnett qu'ils étaient de sexe masculin.

Alors que le petit groupe s'interrogeait, un camion apparut. Un officier militaire, accompagné d'un chauffeur, en descendit pour prendre immédiatement la situation en main. Bientôt, d'autres militaires bouclèrent le site. L'officier ordonna à tous les civils de quitter les lieux et de ne jamais parler à personne de ce qu'ils avaient vu, leur devoir de patriotes étant de garder le silence [2]. Consigne à laquelle, comme nous le savons déjà, l'ingénieur Barnett ne se conforma pas, puisqu'il se confia à ses amis les Maltais en 1950 – à les en croire.

### *L'hypothèse de la plaine de San Agustin*

Peu après la révélation de ce témoignage, une controverse a divisé les enquêteurs, et les divise encore, concernant le lieu supposé de cette observation. Selon Vern Maltais, dont Moore rapporte les propos, Barnett avait désigné la région de Magdalena, à l'ouest de Socorro. Mais son épouse Jean, questionnée sur ce point, ne se rappelle pas que Barnett ait mentionné ce lieu. Selon elle, Barnett avait situé l'accident quelque part en dehors de Socorro, citant notamment une plaine du nom de The Flats. Barnett, qui sillonnait tout l'État du Nouveau-Mexique, voyageait le plus souvent à l'ouest de Socorro. Un autre témoin retrouvé par Moore, John Grenwald, ancien employé gouvernemental devenu fermier dans la région, se rappelle que Barnett travaillait surtout dans la région connue sous le nom de « plaine de San Agustin », dite « The Flats », à l'ouest de Socorro ; selon lui, c'est là que dut avoir lieu l'accident.

Lorsque William Moore interroge l'ancien patron de Barnett, J. F. « Fleck » Danley, habitant à Magdalena, celui-ci lui confirme que Barnett travaillait avec lui dans cette région à la fin des années 40. Il le décrit comme un homme de confiance, incapable de mentir. Danley se souvient même que Barnett avait évoqué devant lui, brièvement, le mystérieux accident [3]...

Le témoignage de Barney Barnett, bien qu'imprécisément daté et situé, a-t-il un rapport avec l'affaire Roswell ? Car si des milliers de fragments ont été découverts au ranch Foster du fermier Brazel, une interrogation subsiste : est-ce là tout ce qui restait de l'engin supposé ? A-t-on retrouvé autre chose ? Un engin, ou seulement sa coque extérieure, peut-il avoir explosé au-dessus du ranch, libérant un véhicule de sauvetage qui aurait pu voler plus loin ? Ou encore, deux engins sont-ils entrés en collision, l'un ayant été pulvérisé, l'autre, seulement endommagé, étant allé s'écraser plus loin ?

Quoi qu'il en soit, la localisation de l'accident de la plaine de San Agustin a posé un problème épineux aux enquêteurs : le ranch du fermier Brazel, dans la région de Corona, est situé à plus de 240 km à vol d'oiseau. Entre les deux sites s'élève la première chaîne des montagnes Rocheuses, dominée par les monts Capitan et Jicarilla et, près de Corona, par le pic Gallinas, qui culmine à 2 900 m d'altitude (il est vrai que la plaine est elle-même située sur un plateau). Plus à l'ouest, la vallée du Rio Grande, à la hauteur de Socorro, précède une nouvelle région montagneuse culminant à 3 000 m. De l'autre côté s'étend la plaine de San Agustin. N'est-ce pas là trop d'obstacles pour une « soucoupe » endommagée ?

Ces contre-arguments ne découragent pas William Moore ni Stanton Friedman. Le premier résume l'hypothèse en ces termes : « Selon le témoignage de Wilmot, le 2 juillet 1947, entre 9 h 45 et 9 h 50, quelque chose ressemblant à une soucoupe volante est passé à grande vitesse au-dessus de Roswell, en direction du nord-ouest. Quelque part au nord de Roswell, la soucoupe a rencontré un orage, signalé par Brazel. Après avoir corrigé sa trajectoire vers le sud-ouest, elle a été frappée par la foudre, subissant de sévères dégâts. De nombreux débris ont été répandus sur le sol, mais la soucoupe elle-même, bien qu'endommagée, est restée en l'air assez longtemps pour franchir les montagnes avant d'aller s'écraser violemment dans la plaine de San Agustin [4]. »

Le témoignage indirect de Barnett, outre qu'il se heurte à une incohérence topographique, présente une autre faiblesse : comment un petit engin, avec juste un trou dans la coque, serait-il à l'origine d'un champ de débris de l'étendue de celui du ranch Foster ? Ce que Barnett a vu s'est-il véritablement déroulé dans la plaine de San Agustin ?

William Moore est conscient de la faiblesse des hypothèses formulées dans son livre. Aussi, il continue à mener l'enquête avec Stanton Friedman et Lee Williams, journaliste de télévision à KOB-TV4, à Albuquerque. Dans une nouvelle étude publiée en 1982, il fait le point sur ses investigations. Il y reproduit notamment un long et curieux entretien réalisé en 1982 avec Frank Joyce, ex-journaliste de radio à Roswell, alors animateur à la radio KOB, à Albuquerque. Dans cet entretien, Joyce raconte que, après avoir diffusé le fameux communiqué de presse de la base, il reçut un appel téléphonique, sans doute de Washington, d'un certain colonel Johnson, que ce communiqué avait rendu furieux. Joyce lui rétorquant qu'il s'agissait d'un communiqué officiel de la base aérienne, son interlocuteur raccrocha brusquement, sans autre explication. Apparemment, tout le monde n'était pas au courant des manœuvres en cours. Joyce évoque ensuite un épisode encore plus incroyable ; Walt Whitmore Sr, son patron, l'aurait emmené en voiture visiter le champ de débris, accompagné d'un personnage étrange et silencieux : « Il avait un long visage, un grand front et un menton pointu, explique Joyce. Il portait un vêtement semblable à un uniforme, mais qui n'en était pas un. » À l'arrivée, l'homme lui aurait donné l'ordre de les attendre dans une baraque en bois. Bien qu'il ne le connût pas, Joyce s'exécuta : « Comme un zombie, je m'y suis enfermé et suis resté debout, simplement debout... Je ne me souviens pas combien de temps. » Whitmore serait revenu le chercher, seul, sans lui fournir aucune explication [5]. Que penser de cette histoire ? Kevin Randle, que j'ai interrogé à ce sujet, m'a fait comprendre avec un petit sourire que, si Joyce était un homme charmant, il ne faut pas prendre trop au sérieux tout ce qu'il a pu raconter. Ainsi en va-t-il de toute enquête, où défilent des centaines de témoins...

Au témoignage, tout aussi fragile, de Barnett, Moore et Friedman ne parviennent d'abord pas à apporter d'éléments de confirmation, aucun autre témoignage ne confirmant que le crash ait bien eu lieu dans la plaine de San Agustin. Friedman rencontre cependant un certain commandant Leed, de l'armée de l'air, qui lui affirme avoir été chargé, dans les années 60, d'une enquête sur une personne soupçonnée d'avoir rompu une consigne de silence sur un cas d'ovni accidenté. L'interrogatoire avait confirmé ce soupçon, mais n'avait été suivi d'aucune action, pour éviter d'attirer l'attention. Or, la personne interrogée n'était autre que Barney Barnett [6]...

Barnett est mort en 1969 et sa femme en 1977, sans descendance. Une nièce qu'ils avaient élevée, Mme Alice Knight, a cependant rapporté à Moore que deux personnes de sa famille avaient entendu l'« oncle Barney » évoquer cette histoire peu avant sa mort.

Friedman a établi une liste de personnes qui auraient pu travailler à l'époque dans la plaine de San Agustin, dans l'espoir de retrouver la trace des archéologues mentionnés par Barnett. Son enquête l'a conduit à un certain Robert Drake, qui a séjourné brièvement à San Agustin en 1947, et selon lequel le Dr Roscoe Willmeth, qui travaillait aux archives de Los Alamos, disait connaître cette histoire de soucoupe accidentée et de cadavres récupérés en secret. Friedman est parvenu à retrouver la trace du Dr Willmeth. Hélas, trois jours après avoir pris rendez-vous, il était emporté par une crise cardiaque, à l'âge de 59 ans [7].

Mais, alors que l'enquête sur San Agustin piétine, la piste de Roswell progresse, au point qu'en 1985 Moore exprime publiquement des doutes sur le site de San Agustin, lors du symposium du MUFON (Mutual UFO Network). Soulignant que la localisation et la datation du récit de Barnett reposent essentiellement sur le souvenir de son chef, J. F. Danley, il suggère que celui-ci a pu se tromper : « Il paraît tout aussi plausible que Barnett, tel que nous le connaissons aujourd'hui, ait été témoin des événements qu'il décrit sur le ranch même de Brazel, puisque ce territoire relevait de l'autorité de l'ingénieur du Service de conservation des sols qu'il était alors. Si le souvenir de Danley est erroné – ce qu'il n'y a aucun moyen de déterminer actuellement –, alors c'est toute l'histoire qui change [8]. » C'est précisément cette hypothèse que Kevin Randle et Donald Schmitt envisagent dans leur premier livre paru en 1991.

Pour Randle et Schmitt, la crédibilité du site de San Agustin est encore entamée par de nouveaux témoignages. Un archéologue, le Dr Herbert Dick, ayant travaillé en juillet et août 1947 dans la plaine de San Agustin, au lieu-dit « Caverne des chauves-souris » (Bat Cave), ne se rappelle pas qu'un groupe d'archéologues ait travaillé à proximité. Mme Francis Martin, qui tenait un café très fréquenté, n'en a pas plus de souvenirs. Enfin, Ruth Barnett, la femme de Barney, tenait cette année-là son journal intime. À croire ce document, son mari a passé au bureau la journée du 3 juillet, date supposée de la découverte de la soucoupe... Mais il est vrai que cette date est controversée : Randle et Schmitt avancent, eux, celle du 8 juillet... une date qu'ils remettent eux-mêmes en doute dans leur second livre !

En 1991, Randle et Schmitt supposent que la découverte décrite par Barney Barnett a eu lieu à peu de distance du champ de débris, à la date du 8 juillet. Cette hypothèse repose sur des témoignages selon lesquels, lors du « bouclage » par l'armée le matin du 8, des vols de reconnaissance ont été effectués aux alentours, dont l'un avec Brazel à bord de l'avion ; c'est alors qu'on aurait découvert la soucoupe, à quelques kilomètres de distance. Trois ans plus tard, en 1994, cette version des faits disparaît du second livre de Randle et Schmitt, au profit d'une autre, situant le lieu du crash plus près de Roswell, sur la foi de nouveaux témoignages... La deuxième partie de l'affaire Roswell, la découverte supposée d'un engin et de cadavres, est sujette à caution – alors que l'existence du champ de débris ne l'est pas. Selon d'autres récits glanés dans la région, ce n'est pas une soucoupe qui fut trouvée là, mais une sorte de capsule de sauvetage, très endommagée, comme les cadavres qui s'y trouvaient, à l'intérieur et à l'extérieur. Saura-t-on un jour la vérité ?

### *Le témoignage surprise de Gerald Anderson*

Au cours de l'année 1990 apparaissent deux nouveaux témoins d'importance : Gerald Anderson et Glenn Dennis. Le premier relance de manière spectaculaire la piste de San Agustin... et le second celle de Roswell. Le témoignage d'Anderson sera mis en doute, pour être finalement rejeté par tous les enquêteurs, y compris ses plus chauds partisans ; celui de Glenn Dennis demeure aujourd'hui digne de foi – il a même l'aval de Karl Pflock, le prosélyte des ballons Mogul !

En janvier 1990, à la suite de la rediffusion, dans le cadre de la très populaire série « Unsolved Mysteries » (« Les mystères inexpliqués »), d'une émission consacrée à l'affaire Roswell et présentant le témoignage de Barney Barnett, un homme qui se présente comme un témoin direct appelle le studio. Le message est transmis à Kevin Randle et Stanton Friedman, qui ont tous deux collaboré à l'émission. Randle est le premier à dialoguer avec ce témoin inespéré. Il est policier et se nomme Gerald Anderson. Randle, ancien officier de renseignement militaire, homme carré, de tempérament réservé, n'obtiendra pas d'autre entretien avec Anderson, malgré ses tentatives ; douze jours plus tard, en effet, ce dernier contacte Friedman, qu'il trouve sans doute plus réceptif et enthousiaste.

Le témoignage d'Anderson, comme le soulignera Randle de façon de plus en plus critique, varie au fil du temps ; le lieu et la date fluctuent, et son récit s'enrichit de nombreux détails, prend de l'ampleur et s'émaille de contradictions. Dans leur livre *Crash at Corona*, Friedman et Berliner livrent leur version : « C'est un conflit entre Anderson et Randle qui a mis un terme à leur collaboration ; le nouveau témoin avait un bien meilleur contact avec Friedman. Un long entretien téléphonique a été enregistré. S'ensuit une série de manœuvres compliquées, Friedman essayant d'obtenir une copie d'un journal ayant été tenu, lui a appris Anderson, par son oncle Ted, aujourd'hui décédé, qui était présent sur les lieux à l'époque [9]. »

Friedman rapporte notamment que, lors d'un survol des lieux en hélicoptère, il a été fort impressionné par l'enthousiasme et l'assurance de Gerald Anderson, qui a aussitôt reconnu le site. Anderson, souligne Friedman, a été soumis avec succès à plusieurs tests de personnalité : il a été suivi pendant un an par le psychothérapeute John Carpenter, a été soumis à des séances de régression sous hypnose et a subi avec succès un test au détecteur de mensonge, pratiqué par un professionnel de l'American Polygraph Association. À première vue, Gerald Anderson était un témoin crédible.

Que contient le témoignage d'Anderson ? Âgé d'un peu moins de six ans, se rappelle-t-il, il est parti en randonnée familiale avec son père, son frère aîné Glenn, son oncle Ted et son cousin Victor, un matin très chaud et humide, début juillet 1947 [10]. Le but de leur promenade était de rechercher des agates, pierres semi-précieuses qu'ils espéraient trouver en quantité dans la plaine de San Agustin. Le trajet, assez long depuis la ville d'Albuquerque, leur prit une bonne partie de la matinée. Ils durent s'enfoncer assez loin sur de petites routes. Bientôt, ils aperçurent un objet argenté, circulaire, distant d'une centaine de mètres, qui semblait s'être enfoncé de biais dans le sol, au pied d'une colline. Ils s'approchèrent. Glenn s'exclama : « On dirait un vaisseau spatial, avec des Martiens ! » La petite troupe fit le tour de l'objet, prudemment. Trois membres de l'« équipage » gisaient sur le sol, à l'ombre sous un bord de la soucoupe, et un quatrième, vivant, était assis à leurs côtés ! L'un de ceux qui étaient étendus, encore vivant lui aussi, respirait difficilement. Celui qui était assis était visiblement terrifié. Le père et l'oncle de Gerald voulurent lui parler en espagnol, mais il ne répondait pas et faisait mine de se protéger. Curieusement, dans la version présentée par Friedman, Gerald Anderson ne décrit pas l'apparence physique de ces êtres, quoi qu'il l'ait fait, et même à plusieurs reprises, dans d'autres témoignages, non sans variantes leur ôtant beaucoup de leur vraisemblance.

Gerald se rappelle avoir touché le bord de la soucoupe : il était froid, comme réfrigéré, si bien qu'il faisait frais sous l'appareil alors que, dans ce coin de désert, la chaleur était écrasante. Suivant son frère Glenn, Gerald fit le tour de l'engin et observa une déchirure, haute de deux à trois mètres et large d'un mètre, sur le côté. À l'intérieur, il observa des « composants » reliés par des câbles, eux-mêmes constitués de plusieurs centaines de brins ressemblant à des fils. L'un de ces câbles, sectionné, pendait par l'ouverture, les brins flottant au vent comme du crin de cheval. Certains d'entre eux étaient brillants, d'autres sombres, et de certains semblaient jaillir des éclairs lumineux. Anderson dit aussi avoir remarqué des inscriptions, des symboles de couleur rose ou brune.

Peu de temps après leur arrivée, poursuit Gerald Anderson, un groupe est arrivé. Il comprenait un adulte et cinq étudiants, trois garçons et deux filles. Anderson a identifié l'homme comme étant le professeur Buskirk ; celui-ci tenta de s'adresser aux êtres en plusieurs langues... Puis est arrivé un autre homme, qui ressemblait... au Président Harry Truman – Anderson a reconnu par la suite Barney Barnett parmi une série de photos présentées par Friedman, mais Randle a facilement récusé cette identification. En effet, Anderson a reconnu avoir dévoré le livre de William Moore, où figure la photo de Barnett, avant de raconter son histoire !

Le récit d'Anderson s'achève avec l'arrivée des militaires : un véritable bataillon venu prendre possession des lieux avec force véhicules. Un officier irascible aux cheveux roux, nommé Armstrong, sans doute le chef de ce détachement, accompagné d'un chauffeur noir, menaça vivement les civils et leur interdit formellement d'ébruiter leur découverte. Puis ils furent évacués [11].

Randle et Schmitt, qui les premiers se sont entretenus avec Anderson, le 4 février 1990, n'ont pas tardé à mettre en doute ce témoignage : quelques critiques apparaissent dès leur premier livre, paru en 1991, suivies d'autres, plus copieuses, dans de nouvelles publications. Il est intéressant, aujourd'hui encore, d'évoquer ce débat ; il montre que les enquêtes sur l'affaire Roswell, depuis 1978, représentent un travail considérable, jalonné de difficultés et d'embûches. L'« affaire Gerald Anderson » a divisé profondément le petit monde de l'ufologie aux États-Unis ; des articles virulents ont été publiés, notamment contre Randle et Schmitt dans la revue du MUFON (Mutual UFO Network), laquelle leur a accordé ensuite un droit de réponse. Le CUFOS (Center For UFO Studies) et le FUFOR (Fund For UFO Research) ont organisé à Chicago, en 1992, une rencontre présidée par le professeur Michael Swords, un chercheur unanimement respecté. Gerald Anderson, invité, s'est finalement désisté. Les débats, très divers, ont été publiés dans un document de quatre-vingt-huit pages (pas moins !), *The Plains of San Agustin Controversy* (« La controverse sur la plaine de San Agustin »). Il contient de nouvelles critiques. Après analyse par un spécialiste, il est notamment apparu que le journal de l'oncle d'Anderson, remis à Friedman, était écrit avec un type d'encre de fabrication postérieure à 1970. Friedman a répliqué que plusieurs copies manuscrites en avaient été faites. Pourquoi ne pas s'être contenté de photocopies ? lui a demandé Randle.

Randle, après qu'Anderson lui a ôté sa confiance, et prenant connaissance des entretiens de celui-ci avec Friedman, a pu démontrer que le témoin a changé sa version des faits à plusieurs reprises, et l'a « enrichie » considérablement. Ainsi, Anderson a affirmé à Randle que sa famille était arrivée la première, et les archéologues environ une minute après. Mais, dans son entretien avec Friedman, douze jours plus tard, il prétend que les archéologues étaient déjà là lors de leur arrivée sur les lieux. Un an plus tard, le 24 mars 1991, lors d'un entretien à la radio avec l'enquêteur Bob Oeschsler, il a raconté que les archéologues étaient arrivés quarante-cinq minutes plus tard...

Autre point de divergence : la description des êtres. Anderson a d'abord dit à Randle que leurs yeux étaient d'une couleur « bleu laiteux » qui, du reste, leur donnait un air de ressemblance avec le personnage représenté en couverture de *Transformation*, un livre à succès de l'écrivain Whitley Strieber, paru en 1988. Or Anderson a affirmé ensuite à Oeschsler qu'ils étaient pourvus de grands yeux noirs ovales, description plus conforme au « modèle standard », pourrait-on dire, des histoires d'enlèvement à bord d'ovnis. Ce revirement suspect, souligné par Randle, a valu à celui-ci, dans les colonnes du *MUFON UFO Journal*, les foudres d'un autre ufologue, le psychothérapeute John Carpenter, qui a soumis Anderson à des séances d'hypnose. Carpenter affirme que Randle a mal écouté l'enregistrement : il faut sans doute entendre non pas *« milky blue »* (« bleu laiteux »), mais *« murky blue »*, c'est-à-dire « bleu obscur »[12] !

Anderson est également revenu sur la localisation précise du site. La plaine de San Agustin est longue de près de cent kilomètres. À Randle, il a dit qu'il se trouvait près de la petite ville de Magdalena. Douze jours plus tard, à Friedman, il a affirmé que la scène avait eu lieu à Horse Springs, à l'autre bout de la plaine, vers le sud-ouest, ce que Friedman a justifié en expliquant que la carte avait été mal orientée au départ... À Friedman, il a également cité le nom de l'officier, Armstrong, pour avoir entendu son oncle le prononcer, sans se souvenir si son nom était inscrit sur son uniforme ; de toute façon, il était trop jeune (six ans) pour savoir lire. Mais, à Carpenter, Anderson a affirmé avoir lu le nom sur l'uniforme : « À cet âge-là, a-t-il précisé, j'étais une sorte de surdoué [13]. »

Autre point fragile de sa déposition : le nom du Dr Buskirk, archéologue, lui revient soudain en mémoire. Il peut même dessiner son portrait. En juin 1991, les enquêteurs Kevin Randle et Tom Carey (du MUFON) ont retrouvé le Dr Buskirk, mais celui-ci a nié s'être trouvé sur les lieux à cette époque, ce qui a été prouvé : Buskirk a passé tout l'été 1947, de juin à septembre, dans la réserve indienne de Fort Apache, dans l'Arizona, pour préparer sa thèse de doctorat sur les Apaches. Une fois de plus, Friedman a pris sa défense, dans les colonnes du *Mufon UFO Journal* de septembre 1991 : puisque Anderson connaissait Buskirk, c'est bien la preuve que celui-ci se trouvait sur les lieux, malgré ses dénégations [14]. Mais la poursuite de l'enquête a révélé que le Dr Buskirk a enseigné, en 1957 et 1958, dans un établissement scolaire d'Albuquerque, la Highland High School, établissement dont Anderson fut élève... en 1957 ! Randle et Schmitt pensent même qu'il a suivi le cours d'archéologie de Buskirk, quoique ce détail n'ait pas pu être prouvé, Anderson ayant refusé de communiquer son carnet scolaire...

On ne sera donc pas surpris d'apprendre que, lors de la parution du livre de Randle et Schmitt, *UFO Crash at Roswell*, en juin 1991, le compte rendu dans le *Mufon UFO Journal* fut signé par nul autre que Stanton Friedman, sur cinq pages virulentes, prenant une fois de plus la défense de Gerald Anderson. Évoquant ses rivaux, Friedman conclut ainsi son article : « Pour eux, tout semble être tout noir ou tout blanc ; ils sont incapables de s'abstenir de juger des points qui se trouvent encore dans des zones d'ombre. C'est bien dommage car nous détenons, en vérité, des preuves irréfutables qu'au moins deux soucoupes accidentées ont été récupérées au Nouveau-Mexique en 1947 [15]. » Comment Friedman peut-il d'abord reprocher aux deux enquêteurs de manquer de retenue, puis hasarder une affirmation aussi péremptoire que peu étayée !

À quoi bon, dira-t-on, exhumer ces tristes polémiques ? Il me paraît cependant important d'insister sur les difficultés considérables qu'ont rencontrées les différentes enquêtes sur l'affaire Roswell – pour la dernière fois à l'été 1995, avec la divulgation d'un film controversé montrant l'autopsie d'un supposé extraterrestre. Très vite dénoncé comme une supercherie, ce document a aussitôt fourni à la presse l'occasion de dénigrer toute l'affaire, ignorant superbement plus de quinze années d'enquêtes et de pratiquer l'amalgame : « Vous voyez bien que toute cette histoire est un tissu d'erreurs et de mensonges [16] ! »

Tout comme les faux documents, les querelles entre ufologues ont ravi les sceptiques et les détracteurs systématiques. En l'occurrence, il est clair que les attaques conjuguées de Moore, Friedman, Shandera et Carpenter contre l'équipe Randle / Schmitt (Friedman reprochant notamment à Randle d'avoir écrit de nombreux romans de science-fiction !) ont alimenté une polémique malsaine et néfaste. Cela ne signifie pas non plus que Randle et Schmitt ont toujours eu raison ; leurs analyses n'ont-elles pas elles-mêmes évolué ?

L'épisode Anderson a une fin. Le psychothérapeute Carpenter, dans un article du *Mufon UFO Journal* de septembre 1991, fustige Randle et Schmitt, leur reprochant notamment la brièveté de leur entretien téléphonique avec le témoin : « Don Schmitt n'a jamais rencontré Gerald Anderson, pas plus que Kevin Randle, qui a conversé avec lui une fois, au téléphone, pendant vingt-six minutes (ce dont attestent les relevés téléphoniques) [17]. » Anderson a, en effet, fourni à Carpenter et Friedman une copie de sa facture détaillée de téléphone indiquant bien cette durée. Kevin Randle lui a répondu, dans une lettre publiée par le même journal (février 1992), qu'il possède l'enregistrement de cette même conversation, d'une durée de... cinquante et une minutes. Voilà qui devait régler facilement la question. Pour que cette sombre histoire soit tirée au clair publiquement, il faut pourtant attendre un nouvel article de Carpenter, dans le numéro de mars 1993 de la même revue. Il y rapporte avoir eu beaucoup de mal à obtenir la bande enregistrée de l'entretien, par l'intermédiaire de Linda Moulton-Howe, une ufologue réputée, puis avoir eu confirmation d'un entretien « amical » de cinquante-quatre minutes entre Randle et Anderson. Lors d'une réunion de confrontation entre plusieurs enquêteurs et Gerald Anderson, en septembre 1992, celui-ci a admis avoir livré un faux document, dans le but de mettre Randle en difficulté, mais a fourni une nouvelle note « originale » de... vingt-huit minutes ! Friedman, présent, a proposé à Anderson de rendre une visite commune au siège local de la South

Western Bell, mais ce dernier a refusé. Friedman s'est donc adressé directement à la compagnie ; il a obtenu sans difficulté une copie du relevé, indiquant bien une communication de cinquante-quatre minutes. Carpenter et Friedman se trouvaient ainsi acculés à « lâcher » Anderson, ce qu'ils ont fait d'assez mauvaise grâce.

Dans son article, Carpenter reproche encore à Randle d'avoir diagnostiqué très tôt la supercherie (dès juin 1991, interrogé sur une station de radio) : « Pour notre part, notre but n'était pas d'être les premiers à dénoncer une supercherie [18]. » Quant à Stanton Friedman et Don Berliner, ils ont déjà pris leurs distances, avec une concision remarquable, dans le numéro de janvier 1993 de la même revue, concluant néanmoins que « cela ne veut pas dire que tout ce qu'a raconté Gerald Anderson soit sans valeur ». L'éditeur de la revue a annoté, au bas de cette page : « Mais cela le laisse fortement supposer ! »

Cette remarque de Friedman et Berliner pose la question de la désinformation – une donnée qui va apparaître de plus en plus importante dans l'affaire Roswell, comme dans quelques autres. Deux hypothèses se présentent, celle du mensonge pur et simple ou celle, plus subtile, de la divulgation d'informations authentiques, mais enrobée de mensonges pour mieux les discréditer. Pourtant, il existe une troisième hypothèse, celle d'un processus de divulgation très progressif, d'une phase de « préparation » du grand public, dans le but d'éviter une explosion médiatique. John Carpenter a développé la deuxième hypothèse dans son article : « Se pourrait-il qu'on ait appris à Gerald Anderson des détails authentiques sur le crash de la plaine de San Agustin ? De cette manière, il a pu se croire détenteur d'informations authentiques, et même passer avec succès le test du détecteur de mensonge. Était-il aux ordres de quelqu'un d'autre ? Avait-il des complices ?... Ou, plus simplement, est-ce une supercherie compliquée, sans but clair et apparent [19] ? » Randle et Schmitt ont peut-être déjà apporté la réponse, en signalant l'opinion de proches d'Anderson. À en croire Peggy Anderson, son épouse pendant dix-sept ans, il était un peu mythomane : « Je ne sais comment l'expliquer, mais il n'est presque rien que l'on puisse croire, venant de lui. » Ses anciens collègues, interrogés, ont éclaté de rire, et un ancien employeur s'est même rappelé qu'il se plaisait à embellir jusqu'au rapport le plus routinier [20]. Cela n'exclut pas, cependant, qu'on ait pu le manipuler : n'était-il pas le sujet idéal pour monter une vaste duperie ?

### *Le témoignage de Glenn Dennis*

C'est à Roswell qu'a été recueilli l'un des témoignages les plus remarquables à ce jour, bien qu'indirect, en faveur de l'hypothèse de la récupération secrète de cadavres d'extraterrestres, en juillet 1947. Glenn Dennis, le témoin, âgé de vingt-deux ans au moment des faits, était employé de la Ballard Funeral Home, l'entreprise de pompes funèbres de Roswell, qui existe aujourd'hui encore. Précisons que Dennis a cessé depuis longtemps d'y travailler. C'est Stanton Friedman qui a réalisé le premier entretien, en août 1989, avec Dennis, alors directeur d'un hôtel à Lincoln, au Nouveau-Mexique (il est aujourd'hui à la retraite et pratique la sculpture). Friedman a présenté ce témoignage dans son livre *Crash at Corona*, paru en 1992, mais Randle et Schmitt l'avaient devancé. Ils avaient eu juste le temps, après un premier entretien en novembre 1990, de présenter ce nouvel élément dans leur premier livre, paru en 1991. Contrairement à ceux de Gerald Anderson, ses deux récits se recoupent bien, à quelques détails près. Dennis a lui-même relevé quelques inexactitudes dans le livre de Randle et Schmitt, mais elles sont mineures, contrairement à ce qu'a voulu faire croire par la suite Philip Klass dans son bulletin *Skeptics UFO Newsletter*[21].

Ces récits ont été confortés par une troisième enquête, tout à fait indépendante, d'Anne MacFie, réalisée fin 1991 et parue dans le *MUFON UFO Journal* d'avril 1992. Elle a pu rencontrer Dennis en compagnie de plusieurs autres enquêteurs, à Roswell ; son propre père, qui travaillait lui aussi dans les pompes funèbres à l'époque, avait connu Glenn Dennis à Wheeler, une autre petite ville du Nouveau-Mexique. Plus récemment, Karl Pflock, principal partisan de la thèse des ballons Mogul, a lui-même soutenu Dennis, au point de devenir son « porte-parole », notamment face aux attaques du sceptique Philip Klass.

Voici, en résumé, le récit de Glenn Dennis, établi principalement d'après le compte rendu d'Anne MacFie, publié dans le *MUFON UFO Journal* d'avril 1992.

Au début de juillet 1947, Glenn Dennis, qui ne sait encore rien de l'incident de Roswell, reçoit un surprenant appel téléphonique de l'officier responsable du service mortuaire de la base de Roswell, qui lui demande quels sont les plus petits cercueils hermétiques dont il dispose. (Dans les premiers entretiens, Dennis a parlé du 8 ou du 9 juillet ; selon Karl Pflock, il se rappelle maintenant la date du lundi 7, donc la veille du communiqué de presse [22].) Vingt minutes après le premier appel, l'officier le rappelle pour lui poser une série de questions : « Comment vous y prenez-vous pour conserver des corps qui sont restés dans la nature pendant plusieurs jours ? Quels effets ont vos produits chimiques sur les tissus ? Sur le contenu de l'estomac ? Les composants du sang s'en trouvent-ils modifiés ? » Dennis lui fournit ces informations et lui demande la raison de son appel : « C'est pour un usage futur », répond l'officier [23]. Or, Randle et Schmitt ont pu vérifier, grâce aux archives qu'ils ont retrouvées, qu'aucun décès n'a été constaté sur la base durant cette période [24].

Il se trouve que, trente minutes plus tard, Glenn Dennis, qui assure aussi le service d'ambulance, est appelé d'urgence pour mener à l'hôpital de la base un aviateur qui s'est cassé le nez dans une chute de moto. À son arrivée (Dennis, qui était connu, a pu entrer sans problème), il remarque trois vieilles ambulances militaires parquées à l'entrée de service, gardées par des policiers militaires qui ne font pas attention à lui. Les portes arrière de deux de ces ambulances sont ouvertes ; en passant devant, Dennis aperçoit des débris bizarres : « Il y avait là des pièces de soixante centimètres à un mètre de long, d'une forme étrange, semblables à l'extrémité d'un canoë. Des inscriptions étaient portées dessus, qui formaient une bande d'une dizaine de centimètres de largeur. On aurait dit des hiéroglyphes égyptiens. Le métal n'avait pas l'air d'être de l'aluminium. Il ressemblait à de l'acier inoxydable qui aurait été porté à haute température, avec des nuances de bleu et de pourpre [25]. » Karl Pflock a d'ailleurs présenté, au symposium du MUFON de juillet 1995, deux croquis réalisés par Dennis lui-même, dont l'un correspond bien à cette description, avec cette précision supplémentaire : on a l'impression, sur les bords déchiquetés, d'être en présence d'un matériau « feuilleté » à plusieurs couches. Un autre croquis, plus vague, semble représenter une feuille froissée.

Après avoir conduit l'aviateur accidenté à l'infirmerie, Glenn Dennis se rend à la cafétéria pour se désaltérer, car il fait très chaud. Il y rencontre un capitaine qu'il ne connaît pas, et lui demande : « Il y a eu un accident d'avion ? » Le capitaine lui répond : « Qui êtes-vous ? » Dennis se présente comme le directeur de la maison de pompes funèbres de Roswell, et offre d'apporter son aide. Il s'entend répondre : « Restez où vous êtes. Ne bougez pas. » Après une ou deux minutes, son interlocuteur revient flanqué de deux policiers militaires, auxquels il ordonne d'escorter Dennis jusqu'à son établissement. Alors qu'ils traversent le hall, une forte voix lance : « Ramenez ce salopard ! » Il se retrouve, dans un bureau, face à un autre officier, de forte taille et aux cheveux roux, qui lui dit : « N'allez pas raconter des histoires sur un accident à Roswell. Il n'est rien arrivé ici ! » Dennis se rappelle avoir senti monter la colère : jamais on ne l'avait traité comme cela. Mais, comme il fait remarquer qu'il est un civil, l'autre lui répond : « On retrouvera vos os dans le sable ! » Un sergent noir, présent également, ajoute qu'il « ferait de la bonne nourriture pour chiens ». Après l'avoir insulté de nouveau, l'officier donne l'ordre de le jeter dehors. Dennis n'a fait que quelques pas lorsqu'une infirmière de sa connaissance, sortant d'une pièce avec une serviette sur la bouche, comme si elle était malade, le voit et s'exclame : « Glenn ! Que faites-vous ici ? Partez au plus vite si vous ne voulez pas avoir de gros ennuis ! » Puis elle se retire aussitôt. Les deux policiers, le tenant par les bras, l'escortent enfin jusqu'à son entreprise de pompes funèbres.

Ce récit présente une légère différence par rapport aux autres interviews accordées par Dennis, notamment celle qui figure dans la vidéocassette *UFO Secret, The Roswell Crash* (« Le secret de l'ovni – le crash de Roswell »), publiée en 1993 par Mark Wolf. Dennis dit cette fois avoir rencontré l'infirmière avant les officiers, ce qui semble plus probable. Mais reprenons le cours de son récit.

Sur le coup, Dennis est très secoué. Il rappelle son amie infirmière, pour en savoir plus. Manifestement fort affectée elle aussi, elle lui répond le lendemain, vers onze heures, et lui donne rendez-vous au mess des officiers – il lui faut absolument se confier à quelqu'un, précise-t-elle. Cette infirmière, dont Dennis a toujours refusé de révéler le nom, avait vingt-trois ans. Élevée dans un couvent catholique, elle n'était jamais allée à l'école publique. Certaine d'avoir la vocation religieuse, elle voulait également enseigner, mais Dieu, disait-elle, lui avait ordonné de devenir infirmière ; elle avait donc suivi une formation appropriée. Elle s'était engagée dans l'armée pour finir ses études, avait été nommée sous-lieutenant et devait servir trois ans. Elle n'était à la base que depuis moins de trois mois.

Lorsque Glenn Dennis rencontre l'infirmière au mess des officiers, elle semble en état de choc et lui fait prêter serment de ne jamais divulguer son nom ni rapporter ses propos, de peur de lui attirer de gros ennuis. Elle lui raconte alors qu'en entrant dans une pièce pour y prendre des fournitures, elle y a trouvé deux médecins en train d'examiner trois petits corps placés dans une enveloppe ou un sac en caoutchouc, médecins qui lui ont demandé de rester avec eux pour les assister. Deux des corps étaient sérieusement mutilés, comme si des animaux prédateurs les avaient attaqués, mais le troisième était en assez bon état. Ils dégageaient une odeur insupportable qui ne tarda pas à l'indisposer. L'infirmière remet alors à Dennis un croquis qu'elle a dessiné de ces petits êtres et lui explique que les médecins lui ont demandé de noter par écrit tout ce qu'ils verraient pendant l'examen des corps.

Ces êtres avaient une grosse tête et des yeux enfoncés. Leur crâne était mou comme celui d'un nouveau-né. Les oreilles, au lieu d'avoir un canal, en avaient deux ; dépourvues de lobe, elles possédaient seulement un petit rabat au-dessus de chaque canal. Ils n'avaient pas de dents. Leur bouche était une simple fente. Leur visage était concave. Le nez consistait en deux orifices. Les mains avaient quatre doigts munies de petites ventouses, sans ongles ni pouce opposable.

Glenn Dennis raconte qu'il a conservé, pendant des années, le croquis de l'infirmière dans ses archives, avec toutes les enquêtes militaires et de police judiciaire. Il le regardait chaque fois qu'il consultait ses archives et le connaissait donc bien. Hélas, il n'en dispose plus aujourd'hui. Il l'a reconstitué de mémoire et l'a fait mettre au propre par un dessinateur professionnel. Ce sont les croquis de ce dessinateur qui ont été reproduits dans le livre de Randle et Schmitt en 1991, puis dans celui de Friedman et Berliner en 1992*.

Dans leur livre, Randle et Schmitt font état d'autres témoignages, qui, s'ils sont authentiques, corroborent et complètent la description de Dennis. Certains ont été fournis par Leonard Stringfield, enquêteur très estimé, mais qui protège toujours l'anonymat de ses témoins. Stringfield a recueilli le témoignage, rapporté par

* Voir cahier hors texte, page VIII.

Randle et Schmitt, du Dr Jesse Johnson, médecin légiste à la base de Roswell en 1947. Selon lui, les corps mesuraient de 1 m à 1,40 m et pesaient environ 20 kg. Ils étaient très minces et fragiles. Leurs yeux, en forme d'amande, grands et un peu écartés, leur donnaient une allure orientale. Le nez était à peine visible, formé seulement d'une petite protubérance. Selon le médecin, la bouche, très mince, n'avait que 5 cm de profondeur et ne pouvait servir ni à parler ni à manger... Les bras étaient longs, les jambes courtes et minces. Selon un témoin, les pieds n'avaient pas de doigts. Il n'y avait pas d'organes de reproduction apparents, mais peut-être avaient-ils été mangés par les prédateurs. La peau était de couleur gris-rose, bien qu'un témoin (Melvin Brown) l'ait vue jaunâtre. La peau elle-même était résistante, comme une sorte de cuir. Plusieurs sources ont confirmé l'odeur épouvantable que dégageaient ces cadavres, obligeant les médecins à abréger la séance. Des enquêteurs ont même obtenu des descriptions de l'anatomie interne, selon lesquelles ces corps n'étaient pas pourvus de système digestif comparable au nôtre, mais étaient irrigués par un liquide incolore [26] (et non pas un sang vert, comme le racontent des désinformateurs aujourd'hui !).

Quelle est la fiabilité de ces témoignages ? Il faut bien reconnaître qu'elle est moindre que ceux ayant trait aux débris. Ils sont soit indirects, comme celui de Glenn Dennis, soit anonymes comme ceux rapportés par Leonard Stringfield. Randle et Schmitt citent un médecin de la base, le Dr Jesse Johnson – mais, dans l'index des personnes mentionnées dans leur livre, on ne trouve en fait que le nom de sa femme : encore un témoignage indirect, par conséquent.

Le témoignage de Glenn Dennis apparaît lui-même

susceptible d'être mis en cause car, à propos de l'infirmière, ses déclarations sont contradictoires. Dans leur livre, Friedman et Berliner émettent l'hypothèse que que Dennis a profité de sa venue à l'hôpital pour passer voir « une jeune et jolie infirmière dont il a fait connaissance récemment [27] ». Randle et Schmitt n'en disent rien dans leur premier livre, mais confirment dans le second, paru en 1994, que les jeunes gens étaient liés [28]. Il n'est pas inutile de préciser que ces enquêteurs se sont déjà entretenus à dix reprises avec Dennis, de 1990 à 1993, sans compter les conversations téléphoniques. Le sceptique Philip Klass a pris prétexte d'éventuels liens affectifs pour mettre en doute la crédibilité de Dennis. Dans son bulletin *Skeptics UFO Newsletter*, il prétend que ce dernier lui a caché des choses. Trouvant curieux qu'une infirmière militaire tenue à la réserve divulgue une affaire ultra-secrète à un civil qu'elle ne connaît que depuis peu, Klass lui a demandé s'il avait eu des relations intimes avec elle ; il lui a répondu : « Non, non, non... Elle ne s'intéressait pas aux hommes, de toute façon. Sa vie était entièrement planifiée. Elle allait entrer dans les ordres. » Or, poursuit Klass, dans la vidéocassette *UFO Secret, The Roswell Crash*, le producteur Mark Wolf révèle que Glenn et l'infirmière avaient projeté de se marier ! Interrogé par Klass, Wolf a renchéri : sa famille y était même opposée car il était catholique et elle protestante. Donald Schmitt a confirmé ce lien intime, mais, selon Klass lui-même, un ami de Dennis affirme que ces témoignages sont faux [29].

Où est la vérité ? J'ai interrogé à ce sujet Walter Haut, qui est un ami de Glenn Dennis. Il m'a répondu qu'il en avait discuté lui-même avec sa propre femme, qui connaissait bien Glenn ; selon elle, à l'époque Glenn était déjà marié ! Haut m'a dit aussi connaître Klass. Il s'entend plutôt bien avec lui, mais se tient sur ses gardes. À choisir, il ferait plutôt confiance à Glenn Dennis. La polémique lancée par Klass sur les relations entre Dennis et l'infirmière, aussi gênante soit-elle, a le mérite d'illustrer le genre d'attaques personnelles dont toute l'affaire de Roswell est – hélas – constellée.

Ensuite, toujours selon Friedman et Berliner, après sa conversation avec l'infirmière, Glenn a essayé de reprendre contact avec elle, mais ses tentatives ont toutes échoué. On lui a d'abord dit qu'elle était partie dans un séminaire, puis qu'elle avait été mutée en Angleterre. Il lui a écrit une première lettre, à laquelle elle a répondu brièvement qu'elle lui expliquerait tout plus tard. Une seconde lettre lui a été renvoyée avec la mention « décédée [30] ». Or, dans son entretien avec Anne MacFie, en 1992, lorsque celle-ci lui demande si l'infirmière est encore en vie, il répond qu'il l'ignore, mais qu'il a entendu dire qu'elle est morte depuis trois ans, même s'il ne s'agit que d'un bruit. Anne MacFie lui demande ensuite si, depuis que d'autres témoins ont parlé, il a essayé de la recontacter. Non, répond Dennis, il n'a jamais essayé de la contacter, et ne sait pas où elle est. Il sait qu'elle est entrée dans les ordres après avoir quitté l'armée, mais pense qu'elle n'accepterait pas de parler. Elle était, à l'en croire, tellement obéissante que, si son supérieur lui avait ordonné de marcher sur le feu, elle l'aurait probablement fait. C'était le résultat de toute son éducation. D'ailleurs, elle n'aurait jamais inventé une telle histoire [31]. Les déclarations successives de Dennis, à y bien réfléchir, sont-elles vraiment contradictoires ? Il a pu, tout simplement, découvrir plus tard qu'on lui avait menti, qu'elle était toujours vivante et qu'elle était entrée dans un couvent.

Le témoignage de Glenn Dennis se termine sur un curieux épisode, relaté par Friedman et Berliner. Quelques semaines après l'incident de l'hôpital, en 1947, Glenn est pris à partie par son propre père, qui veut savoir quelle bêtise il a faite. En effet, son vieil ami le shérif vient de lui apprendre que le personnel de la base est venu le voir pour obtenir des informations sur Glenn [32]. Cette péripétie nous amène à évoquer le rôle du shérif Wilcox, les témoignages de ses proches et les pressions qu'il aurait subies.

### *Que savait le shérif Wilcox ?*

Le shérif George Wilcox, en charge du comté de Chaves et résidant à Roswell, a joué un rôle déterminant dans la prise en main des opérations par l'armée. S'il s'était adressé directement à la presse, au lieu d'appeler la base aérienne pour signaler la venue du fermier Brazel avec ses curieux débris, l'affaire de Roswell aurait pu prendre un tout autre cours. À vrai dire, il a regretté plus tard d'avoir agi comme il l'a fait, aux dires de ses proches. Selon les témoignages recueillis par Kevin Randle et Donald Schmitt dans leur premier livre, Wilcox s'est plaint d'avoir été complètement écarté de l'enquête. Les militaires, une fois le champ de débris bouclé, en avaient refusé l'accès à ses deux adjoints. Ceux-ci, en parcourant le pays, avaient quand même fait une intéressante découverte, une zone de sol noirci, comme si un grand objet circulaire s'était posé là. Le sol était durci comme s'il avait été cuit [33].

Wilcox était mort à l'époque où les enquêtes ont commencé, mais ses enfants et petits-enfants ont témoigné. Selon l'une de ses filles, Phyllis McGuire, les militaires sont arrivés à son bureau très vite, sans lui demander de précisions. Cela dit, il subsiste aujourd'hui encore une incertitude : le colonel Blanchard est-il venu lui-même ? Jay Tulk, époux d'Elizabeth, une autre fille de Wilcox, se souvient être passé à la prison peu après les militaires, et avoir remarqué de nombreux véhicules militaires en stationnement.

Phyllis McGuire, qui voulait savoir ce qui s'était passé, ne cessait de poser des questions à son père, si bien que sa mère, Inez Wilcox, dut lui demander de cesser car l'armée avait intimé l'ordre à son père de se taire. Que savait donc Wilcox ? Que pouvait-il cacher ? Dans leur premier livre, Randle et Schmitt supposent que son rôle fut mineur ; à la suite de nouveaux témoignages, ils ont révisé leur jugement dans leur second livre, paru en 1994.

Inez Wilcox, après la mort de son mari, a raconté à Barbara Dugger, sa petite-fille, qu'une soucoupe volante s'était bien écrasée à Roswell en 1947, et qu'on avait récupéré les corps d'êtres non humains de petite taille. Elle fit promettre à Barbara de n'en rien dire car elle avait dû, comme son mari, jurer de garder le secret. Inez Wilcox hésitait à en dire plus, raconte Barbara Dugger, qui a toutefois appris que son grand-père s'était rendu non loin au nord de la ville, dans une zone jonchée de débris métalliques, là où les petits êtres, trois morts et un vivant, avaient été trouvés... Inez n'était pas sûre, cependant, que son mari les ait vus. Apparemment, Wilcox et ses adjoints connaissaient l'existence de ce site, à environ 50 km de la ville, avant même l'arrivée de Brazel à Roswell le dimanche 6 juillet. Selon Inez, ces événements avaient affecté son mari au point qu'il avait perdu tout intérêt pour son poste de shérif et avait renoncé à se faire réélire. L'un de ses adjoints, Tommy Thompson, a confirmé que son supérieur avait été « anéanti » par les « événements ». Selon Barbara Dugger, sa grand-mère Inez lui aurait confié qu'ils avaient été menacés de mort, eux et leur famille, si jamais ils parlaient [34]...

## *La piste de Wright-Patterson*

D'autres témoignages, relatifs au transport des débris et des cadavres, ont été recueillis. Depuis 1978 et l'ouverture de l'enquête, on a pu reconstituer avec une certaine précision l'acheminement des débris et des cadavres. La « piste » semble bien converger vers la fameuse base aérienne de Wright-Patterson, dans l'Ohio, où se trouvait le centre des études techniques de l'armée de l'air, l'Air Technical Intelligence Center (A.T.I.C.), division de l'Air Material Command (A.M.C.). Le responsable de l'A.M.C., le général Nathan Twining, joue un rôle important dans l'affaire.

Certains témoignages font état de transports vers la base aérienne de Kirtland, près d'Albuquerque, desservant les laboratoires de Sandia et de Los Alamos. Selon une source confidentielle, mentionnée dès 1982 par William Moore, la carcasse de l'ovni aurait été acheminée à Sandia, établissement très protégé où étaient entreposées les bombes atomiques. Cette information paraît géographiquement assez plausible, si tant est que les débris aient été acheminés par la route, ce qui est plus que probable : comment aurait-on pu charger une soucoupe ou un engin d'une autre forme, même de modestes dimensions, dans un avion de transport de l'époque ? Les modèles en service, comme le Douglas C-54 (DC-4), n'étaient pas assez grands. Il n'est toutefois pas impossible que d'autres débris ou cadavres aient été acheminés par avion vers Kirtland, comme l'affirment d'autres témoins. On a pu dénombrer trois vols à destination de Kirtland et Los Alamos après le 8 juillet 1947. En revanche, la route de Roswell, par Vaughn, jusqu'à la banlieue sud-ouest d'Albuquerque, où se trouvent Kirtland et Sandia, traverse une région semi-désertique, propice à un transport discret [35].

Il existe fort peu de témoignages militaires directs relatifs aux cadavres et à leur transport ; seuls des membres des familles ou certains amis, auxquels les militaires s'étaient confiés, ont parlé. Ainsi le capitaine Oliver Henderson (surnommé « Pappy » par ses camarades car il était le plus âgé), à l'époque affecté à la première unité de transport aérien, basée à Roswell. Il a piloté un B-29 à destination de la base de Wright et aurait vu les cadavres. C'est en tout cas ce qu'ont affirmé son épouse Sapho (témoignage enregistré sur cassette), sa fille Mary Katherine Groode et l'un de ses amis, le Dr John Kromschroeder. Sa femme et sa fille ont raconté qu'en lisant en 1982 un article consacré à l'affaire Roswell, Oliver leur a expliqué que c'était une histoire vraie, dont il avait été l'un des acteurs. Il a décrit les cadavres, de petits êtres gris aux yeux obliques, pourvus de petites bouches. Selon son ami, Henderson lui en avait déjà parlé au début de 1978, précisant qu'il avait vu non seulement les corps, mais les restes de leur véhicule. Plus tard, en 1986, Henderson pensait qu'ils étaient toujours conservés à Wright-Patterson, mais n'a pas voulu en dire plus, répétant, mal à l'aise, qu'il n'avait pas le droit d'en parler. En fait, il a montré à John Kromschroeder, un an plus tard, un petit bout de métal provenant de l'ovni. Selon ce dernier, qui avait étudié pendant des années la métallurgie, ce matériau ressemblait à de l'aluminium mais était totalement différent, de structure non cristalline. Henderson lui a confié que ce morceau provenait du matériau dont l'intérieur de l'appareil était tapissé : convenablement activé, il procurait un éclairage parfaitement régulier [36]...

Le récit du capitaine Henderson peut être recoupé avec d'autres témoignages de militaires. Le capitaine Darwin Rasmussen, officier responsable des opérations à Roswell, a confié à des membres de sa famille qu'on avait découvert quatre corps à Roswell. Il connaissait auparavant l'existence des soucoupes volantes, pour avoir lui-même déjà aidé à récupérer les cadavres d'une soucoupe accidentée.

Le sergent Melvin Brown a raconté à sa famille, d'abord brièvement à l'époque des premiers vols sur la Lune qui ont ramené à sa mémoire ce vieux souvenir caché, puis sur son lit de mort, qu'il avait été l'un des soldats chargés de ramener les corps par camion, conservés entre de grands blocs de glace. On lui avait interdit de regarder à l'intérieur, mais il avait quand même soulevé un coin de la bâche et se souvenait avoir vu de petits corps à la peau jaune orangé. Ce détail diffère des autres descriptions, qui parlent de peau grise ou gris-rose, mais il n'était pas dans des conditions idéales pour en juger.

La veuve de Melvin Brown, qui vit à présent en Angleterre avec sa fille, refuse encore de témoigner, de peur de voir supprimée sa pension de retraite. Beverly Bean, sa fille, a parlé en 1986. Elle intervient assez longuement, et de façon convaincante, dans la vidéo de Mark Wolf. Selon les souvenirs de son père, la caisse contenant les cadavres avait été entreposée durant une nuit dans un hangar. Brown était de garde à l'extérieur quand le capitaine John Martin vint lui dire : « Viens, Brownie, allons jeter un coup d'œil à l'intérieur ! » Mais ils ne purent rien voir car la caisse était déjà emballée [37].

Philip Klass a mis en doute le témoignage de Melvin Brown : il est improbable, dit-il non sans humour, que Brown ait participé au convoyage des cadavres, à moins que l'armée ait eu l'intention de les manger, car Brown était... cuisinier [38]. Cela est contredit par ce que Walter Haut m'a raconté de la vie de cette unité d'élite. À Roswell, tous les personnels étaient appelés à remplir plusieurs fonctions. Lui-même n'était pas seulement l'officier chargé des relations publiques, mais aussi aviateur embarqué, au poste de bombardier. L'un de ses souvenirs les plus forts est d'avoir participé au vol du B-29 qui largua une bombe atomique sur l'atoll de Bikini, en 1946. On peut ainsi s'interroger sur la validité de la critique de Klass. On peut aussi supposer que l'affaire de Roswell a dû mobiliser d'assez nombreux soldats, choisis parmi les plus sûrs, et qui ont d'ailleurs été mutés ensuite sur d'autres bases, selon un témoignage déjà cité. Bien entendu, on peut toujours s'évertuer à mettre en doute, l'un après l'autre, tous les témoignages.

Un autre témoin, important mais cité anonymement par Randle et Schmitt dans leur premier livre, aurait fait partie d'un des vols de bombardier B-29 transportant des cadavres (ils auraient été répartis entre deux avions pour parer à tout risque d'accident). Tout se serait déroulé dans des conditions de sécurité maximale, la caisse étant chargée à bord comme s'il s'agissait d'une bombe atomique... L'avion aurait été gardé au sol en permanence par des policiers militaires en armes. Le vol lui-même se serait déroulé le 9 juillet, à une altitude de 2 500 m au lieu des 8 à 10 000 habituels, des gardes armés ayant été embarqués dans la soute. Après une courte escale, l'avion serait revenu à Roswell, cette fois en volant normalement. Selon ce témoin, Jesse Marcel se trouvait à bord au retour, ce que confirme Robert Slusher, qui faisait partie de l'équipage [39]. Après Fort Worth, selon un autre témoignage, les cadavres auraient été transportés à la base de Wright, peut-être après un détour par la base d'Andrews, à Washington, pour être examinés par les plus hautes autorités. Toutes ces informations demandent confirmation.

Au-delà des vols au départ de Roswell, les témoignages se raréfient, ou alors restent anonymes, comme ceux rassemblés par Leonard Stringfield. On peut toutefois citer deux témoignages relatifs à la base de Wright. Le premier, et le plus important, est celui du général Arthur Exon. Pilote d'élite pendant la Seconde Guerre mondiale, il avait, après cent trente-cinq missions de combat, été abattu en vol et fait prisonnier en Allemagne. Après la guerre, Exon, alors lieutenant-colonel, venait d'être affecté à la base de Wright en juillet 1947, dans l'Air Material Command (A.M.C.). Le général Exon fut plus tard commandant de la base de Wright-Patterson. Il a donc occupé un poste important dans la hiérarchie militaire américaine.

Exon fut informé à l'époque que certains collègues étaient chargés de tester les étranges matériaux apportés de Roswell. Il apprit également l'arrivée des cadavres. Tous les essais techniques possibles furent effectués, depuis l'analyse chimique jusqu'aux tests de résistance, de compression, de flexibilité, qui avaient révélé des matériaux très inhabituels. Ses descriptions recoupent bien celles de Roswell, et font notamment état de feuilles extrêmement résistantes, flexibles mais indéformables, même en employant de lourds marteaux. Certains officiers supposaient que c'était du matériel russe, mais la grande majorité pensait que cela venait d'ailleurs. Selon Exon, jamais le colonel Blanchard n'aurait pris un ballon pour une soucoupe. Quant au général Ramey, dès l'instant où il avait compris le caractère extraordinaire de cette découverte, il avait dû alerter immédiatement le chef d'état-major, Dwight Eisenhower lui-même ; dès lors, toutes les opérations étaient passées sous contrôle direct du Pentagone et de la Maison Blanche. Exon pense aussi qu'un comité secret pour diriger l'examen du matériel trouvé à Roswell fut rapidement créé, un petit groupe de contrôle à la tête, un groupe secondaire aidant et assistant le premier, et un troisième niveau pour réaliser les études techniques [40].

Un deuxième témoignage relatif à la base de Wright a été recueilli. C'est celui d'une ancienne secrétaire, Mme Norma Gardner. Malade, elle s'est confiée peu de temps avant sa mort à un jeune homme, Charles Wilhelm, qui lui rendait régulièrement visite. Selon le témoignage de celui-ci, elle avait été affectée en 1955 à un poste nouveau ; elle devait cataloguer tous les matériaux relatifs aux ovnis. Habilitée à un haut niveau de secret, elle avait ainsi archivé plus de mille objets différents, incluant des pièces internes d'un ovni récupéré. Toutes ces pièces avaient été soigneusement photographiées et étiquetées. Toujours en 1955, elle avait visité un hangar secret où avaient été conservés deux appareils en forme de soucoupe, l'un apparemment intact et l'autre endommagé. Enfin, elle avait vu passer un jour deux corps d'humanoïdes transférés d'un local à un autre sur un chariot. Ces corps, préservés dans un liquide, devaient mesurer entre 1,30 m et

1,50 m. Leurs traits étaient humains. Toutefois, leur tête était disproportionnée, et leurs yeux obliques.

Ce témoignage, et plus encore celui du général Exon, met en lumière la question qui agite le monde de l'ufologie depuis plus de quinze ans, parallèlement aux enquêtes sur Roswell : celle du secret. Est-il possible d'avoir gardé aussi longtemps sous le boisseau de telles informations, qui ont dû mobiliser de nombreuses personnes, à tous les échelons ? Certes, on peut arguer que, précisément, ces secrets ont commencé à filtrer, fournissant la matière de nombreux livres et articles. La prudence la plus grande s'impose cependant, car tout secret s'accompagne de fausses rumeurs ou, en un mot, de désinformation.

# 5

# La question du secret

## *La controverse de Majestic 12*

On ne peut présenter l'affaire Roswell sans évoquer le problème du secret et celui de la désinformation qui en résulte.

L'une des questions les plus controversées est celle de l'authenticité d'un document, reçu anonymement en décembre 1984, dans une simple enveloppe, sous la forme d'un film de 35 mm non développé, reçu par un producteur de cinéma californien, Jaime Shandera, qui collaborait aux enquêtes ufologiques de William Moore. C'est justement celui-ci qui a dévoilé, au symposium du MUFON de juin 1987, à Washington, ce *briefing* étonnant, intitulé « Opération Majestic 12. À l'attention du Président élu Dwight D. Eisenhower. 18 novembre 1952. » Ce rapport ultra-secret concerne la récupération d'un ovni accidenté et de ses occupants à Roswell, en juillet 1947, puis la création par le Président Truman d'un petit groupe de scientifiques et militaires, initialement constitué de douze personnes, appelé « Majestic 12 », chargé de diriger en grand secret les études et recherches à ce sujet. Le rapport révèle aussi la récupération d'un autre ovni, en 1950, près de la frontière du Mexique et du Texas, à El Indio Guerrero.

Est-ce là la preuve irréfutable, le *smoking gun* qui va enfin ouvrir la porte des secrets gouvernementaux ? Hélas, les critiques n'ont pas tardé à fuser, pas seulement de la part de sceptiques tel Philip Klass, une fois de plus en première ligne, mais aussi d'enquêteurs ufologiques pro-ovnis. Dès le début, Stanton Friedman a défendu passionnément ce document avec son vieux complice « Bill » William Moore. Il le défend encore aujourd'hui, alors que la plupart des ufologues sont maintenant fort sceptiques et que, d'autre part, William Moore a été convaincu d'avoir collaboré à des actions de désinformation menées par les services secrets...

En novembre 1952, le général Eisenhower vient d'être élu à la présidence des États-Unis, et attend sa prise de fonction en janvier 1953. Pendant cette période, le gouvernement en place se doit d'informer le « Président élu » – tel est l'objet de ce document, authentique ou non. L'une des premières critiques, portée par Philip Klass, est très simple. Si les événements de Roswell sont fondés, le général Eisenhower, à l'époque chef d'état-major des armées, c'est-à-dire n°1 de la hiérarchie militaire après le ministre, était forcément au courant et en première ligne : il était donc inutile de lui adresser un *briefing* à ce sujet !

Philip Klass et Barry Greenwood (auteur avec Lawrence Fawcett d'un excellent livre sur le problème du secret [1]), se sont demandé en outre pourquoi ce document avait été envoyé à Shandera, un petit producteur de cinéma qui n'avait jamais rien publié sur les ovnis. Moore et Friedman ont répliqué en 1988 que leur collaboration avec Shandera avait commencé dès 1980 et qu'elle était bien connue [2]... Des services secrets, sans doute !

Que ce document soit authentique ou non, restait à savoir qui l'avait adressé à Shandera. Il semble avoir été admis rapidement qu'il provenait d'un service de renseignements, comme l'a dit dès 1987 Bruce Maccabee, le responsable du Fund For UFO Research, un homme très au fait des questions militaires [3] (fait commun en ufologie). Ce document a d'ailleurs été également communiqué, début 1987, à un enquêteur anglais, Timothy Good, qui a dit l'avoir reçu d'une source de la C.I.A. [4], et qui a été en fait le premier à le publier, peu de temps avant Moore, dans son excellent livre *Above Top Secret* («Au-dessus du top secret») [5]. Cette précision a de quoi surprendre car, comme on va le voir, Moore et Shandera avaient plutôt des contacts avec le service de renseignements de l'armée de l'air, l'A.F.O.S.I. (Air Force Office of Special Investigations). Certains croient tout simplement que Moore a fabriqué un faux, tels Philip Klass et, semble-t-il, Kevin Randle, qui l'a laissé entendre publiquement lors de sa conférence tenue à Roswell début juillet 1995.

Ce document démontre en tout cas une connaissance approfondie de la question, au moins dans l'état des connaissances à l'époque. Friedman affirme d'ailleurs qu'il contient des détails que ni Moore ni lui-même ne pouvaient connaître. Il faut donc envisager d'autres hypothèses. Les plus répandues prétendent soit que ce document est un faux fabriqué par les services secrets pour discréditer William Moore et ses amis (et si tel est le cas, l'opération a été très réussie), soit qu'il existe une politique (voulue par les plus hautes autorités, ou par certains éléments des services secrets) de divulgation progressive d'informations jusque-là top secret, tout en laissant planer le doute sur leur authenticité pour éviter un dangereux emballement médiatique.

Ainsi, il se pourrait que, même faux, ce document contienne des informations vraies : un « vrai-faux » rapport, autrement dit !

Le *briefing* sur l'opération Majestic 12, tamponné « TOP SECRET / MAJIC », est signé par l'amiral Roscoe Hillenkoetter. Celui-ci avait derrière lui une brillante carrière, non seulement dans la marine, mais en tant que premier directeur, pendant trois ans, de la C.I.A. (Central Intelligence Agency), créée en septembre 1947. L'amiral Hillenkoetter est bien connu des ufologues : dès sa retraite, en 1957, il est devenu président du principal organisme d'enquêtes sur les ovnis existant alors, le N.I.C.A.P. (National Investigations Committee on Aerial Phenomena), dirigé par son ami Donald Kehoe, lui-même ancien commandant de la marine. Mieux encore, dans une déclaration publiée par le *New York Times* le 28 février 1960, Hillenkoetter a accusé l'armée de l'air de dissimulation : « En coulisse, des officiers de haut rang de l'armée de l'air sont préoccupés par les ovnis. Mais la politique officielle de secret et de dérision conduit de nombreux citoyens à penser que les soucoupes volantes sont un non-sens... Pour cacher les faits, l'armée de l'air a imposé le silence à son personnel. » Hillenkoetter a fini par démissionner du N.I.C.A.P., en expliquant dans une lettre à son ami Kehoe – que celui-ci a rendue publique – qu'il ne pouvait plus le soutenir...

Le document d'information *(briefing)* au Président Eisenhower donne la liste initiale des douze membres du groupe Majestic 12 (ou Majic 12), rapportant directement au Président. Les six premiers sont l'amiral Hillenkoetter lui-même, comme on pouvait s'en douter ; le Dr Vannevar Bush, scientifique de premier plan et spécialiste des recherches militaires ; James

Forrestal, ministre de la Défense ; le général Nathan Twining, chef de l'Air Material Command (A.M.C.) ; le général Hoyt Vandenberg, chef d'état-major de l'air ; le Dr Detlev Bronk, autre scientifique éminent, président du National Research Council. Parmi les six autres membres figure un nom bien connu des ufologues, celui de l'astronome Donald Menzel, infatigable détracteur des ovnis. Les enquêteurs qui se sont penchés sur le parcours de Menzel ont pu vérifier, notamment grâce aux archives de l'université de Harvard, où il enseignait, qu'il menait une double vie : il avait déjà eu accès, pendant la Seconde Guerre mondiale, aux secrets militaires les mieux gardés, et il correspondait avec tous les organismes de recherche et de renseignement militaires [6].

Le document Majestic 12 résume les événements de 1947 : la première vague de « disques volants » en juin, puis la récupération d'un disque accidenté à 120 km au nord de Roswell, dès le 7 juillet, un lieu et une date qui ne font pas encore l'unanimité parmi les enquêteurs aujourd'hui. Les corps de quatre petits êtres auraient été découverts à 3 km de là. Tous les quatre étaient morts et dans un état de décomposition et de dégradation avancé du fait des prédateurs et de leur exposition aux éléments pendant une semaine. Encore un élément controversé : selon l'infirmière, l'un des cadavres était en bon état. Les débris de l'appareil avaient été expédiés en plusieurs lieux, détaillés en annexe B. Une précision : seule l'annexe A, parmi huit annexes citées, figure avec le document anonyme. Le rapport décrit ensuite les études, menées conjointement par le général Twining, le Dr Bush et le Dr Bronk, qui avaient déjà conclu, dès le 30 novembre 1947, qu'il s'agissait d'« entités biologiques extraterrestres » (E.B.E.). Le Dr Menzel était d'avis qu'ils provenaient d'un autre système solaire ! Dès le mois de décembre 1947, l'armée de l'air avait mis en place un service de collecte d'information, le Project Sign, pour essayer d'en savoir plus sur les performances de ces ovnis. Service qui s'était changé en Project Grudge, puis en Project Blue Book, au cours des années suivantes : un fait bien connu des amateurs d'ovnis [7]. Ce document de cinq pages s'achève avec la mention d'un deuxième disque, récupéré à El Indio Guerrero (lieu jugé lui aussi très douteux par de nombreux ufologues), et avec une mise en garde quant aux graves conséquences de cette affaire pour la sécurité nationale – raison pour laquelle le plus haut niveau de secret a été maintenu.

L'annexe A est un mémorandum du Président Truman au ministre Forrestal, en date du 24 septembre, l'autorisant à mener à bien l'opération Majestic 12, sous son autorité directe, en liaison avec le Dr Bush et le directeur de la C.I.A., l'amiral Hillenkoetter. Il se trouve que ce document d'une page est rapidement devenu un point de convergence des critiques.

## *Un document critiqué*

Un premier groupe d'arguments a porté non sur le contenu, mais simplement sur la forme. Un travail très poussé a été réalisé par deux experts en analyse d'écriture, Joe Nickell et John Fischer, sous les auspices de la revue du CUFOS, *The International UFO Reporter*, dirigée par Jerome Clark.

Nickell et Fischer ont prié Moore et Shandera de leur montrer le film négatif original (puisque le document leur était parvenu sous cette forme), requête à laquelle ils se sont refusés ; même Stanton Friedman, pourtant ardent défenseur du document, n'a pu obtenir de l'examiner ! Pas découragés pour autant, Nickell et Fischer ont étudié en détail les archives Truman, à la bibliothèque Truman (Truman Library), dans le Missouri, ainsi qu'aux Archives nationales. Ils ont pu ainsi repérer des anomalies dans le mémorandum signé par Truman. Tout d'abord, le document présente une forme hybride, entre la lettre et le mémo, ce qui surprend de la part du Président des États-Unis. D'autre part, un examen de documents authentiques signés par Truman montre qu'il collait sa signature à la formule de politesse, alors qu'elle est très en dessous dans le mémo. Nickell et Fischer ont fouillé patiemment les archives à la recherche de la signature authentique qui aurait pu servir de modèle aux faussaires, en vain. C'est Philip Klass, au courant de leur recherche, qui leur a fourni ce document, une lettre dont l'authenticité ne fait pas de doute, adressée par Truman au Dr Bush le 1er octobre 1947. Il ne subsiste alors plus aucun doute sur l'origine de la signature de l'annexe A ; elle est rigoureusement identique à la signature apportée par Klass, reproduisant même un petit défaut, une bavure sur le H de Harry [8]. Comment Klass a-t-il pu mettre la main sur cette lettre prenant en défaut le document Majestic 12 ? Grâce à ses relations dans les services secrets ? Était-ce une « torpille », armée longtemps à l'avance, et lâchée au bon moment pour causer le maximum de dégâts ?

Bien d'autres anomalies ont été relevées par les enquêteurs (le Français Jean Sider s'est même livré fructueusement à une étude détaillée de ce document). Ainsi, la rédaction de la date n'est pas conforme à l'usage de l'époque (mais Friedman conteste ce point) ; d'autre part, les fautes d'orthographe surprennent dans un texte émanant d'un tel niveau hiérarchique, par exemple le mot *liaison* écrit deux fois *liason*, sans *i*, et cela dans le même paragraphe. Kevin Randle, lui-même ancien officier, a relevé des erreurs dans les appellations militaires : le Roswell Army Air Field, plus tard Walker Air Force Base, sont ici dénommés Roswell Army Air Base et Walker Field ! Le titre de l'amiral Hillenkoetter est erroné : il était contre-amiral (Rear Admiral), mais si, dans la conversation courante, il est admis de l'appeler amiral, une telle approximation est exclue dans un document officiel destiné à l'ancien chef d'état-major, général cinq étoiles. Hillenkoetter, signataire supposé du document, n'aurait jamais laissé passer cela, affirme Randle [9].

L'authenticité du document Majestic 12 a encore été mise à mal, un peu plus tard, après la découverte d'un autre document, devenu presque aussi célèbre dans les annales de l'ufologie, faisant allusion à l'opération Majestic 12. Ce mémorandum, adressé le 14 juillet 1954 par Robert Cutler, assistant spécial du Président, au général Twining, est ainsi formulé : « Objet : MSC / MJ-12 Special Studies Project. Le Président a décidé que le *briefing* MJ-12 SSP aurait lieu pendant la réunion déjà programmée le 16 juillet à la Maison Blanche, plutôt qu'après celle-ci, comme prévu initialement [10]. »

Ce mémo a son importance. Contrairement au document Majestic 12, on croit en connaître l'origine : Moore et Shandera, encore eux, l'ont découvert au cours de leurs recherches, durant l'été 1985, aux Archives nationales. Ils ne l'ont divulgué, cependant, qu'en 1987, comme le document Majestic 12. Hélas, ce mémo de Cutler a subi à son tour le feu de critiques percutantes, et les Archives nationales ont même publié une déclaration mettant en doute son authenticité, expliquant que le document n'aurait pas dû être classé là où il a été trouvé, et qu'il n'était même pas enregistré. Même Friedman, qui défend l'authenticité de ce mémo, admet qu'on ait pu le placer là à dessein, pour qu'il soit découvert... La question reste posée : qui peut donc avoir intérêt à de telles manœuvres [11] ?

## *Agents secrets, rumeurs et désinformation*

Les quelques indications qui précèdent ne donnent qu'une faible idée du travail d'enquête réalisé autour du document Majestic 12, et des ravages qu'il a provoqués au sein de la communauté ufologique. Si tel était l'objectif, l'opération a connu une remarquable réussite. Cependant, elle a eu le mérite d'attirer l'attention des enquêteurs sur le problème du secret et de la désinformation, question devenue essentielle en matière d'ovnis. D'autres documents, d'autres informations sont apparus au fil des années, dont les enquêteurs ont appris à se méfier. Des rumeurs ont circulé : allégations paranoïaques pour les uns, révélations crédibles pour d'autres. Sans aller plus avant dans ce dédale, mettant en scène d'inquiétants laboratoires souterrains (où nous risquerions de nous perdre !), il est néanmoins important de connaître cette « toile de fond » de l'affaire Roswell. À ce sujet, il n'est pas inutile de réexaminer le cas de William Moore, un homme qui, de son propre aveu, a collaboré avec les services secrets américains.

William Moore a révélé un autre document officiel faisant allusion à Majestic 12. Il s'agit d'un télex échangé entre deux établissements du service des « enquêtes spéciales » de l'armée de l'air, l'A.F.O.S.I. (Air Force Office of Special Investigations). Dans ce document, le quartier général de l'A.F.O.S.I., installé à la base de Bolling (D.C.), demande à la base de Kirtland, près d'Albuquerque, des informations sur des observations d'ovnis signalées dans la région, ainsi que les photos prises par Paul Bennewitz, un ingénieur et entrepreneur d'Albuquerque. Dans ce télex figure un curieux passage : « La politique officielle du gouvernement américain [concernant les ovnis] et les résultats du Projet Aquarius sont toujours classés top secret, sans aucune diffusion en dehors des canaux officiels du Renseignement, et avec accès limité à "MJ 12". Le cas de Bennewitz est traité par la NASA, I.N.S., qui demande que toute nouvelle preuve lui soit envoyée via l'A.F.O.S.I. »

Ce document a été diffusé en juin 1987 par le FUFOR (Fund For UFO Research [12]), qui a signalé que son origine demeurait « obscure », mais qu'il avait été fourni par un informateur appartenant au Renseignement *(« Intelligence source »)*. De plus, il s'agit d'une version redactylographiée ; certaines informations semblent avoir été volontairement altérées pour compliquer l'identification de la source. En l'occurrence, il ne s'agit pas de la NASA, mais de la N.S.A. (National Security Agency), l'une des agences les plus secrètes de l'administration américaine, au point que, par dérision, on dit que les initiales N.S.A. signifient « Never Say Anything » (« Ne dites jamais rien »).

Tout cela paraît à première vue plausible et fort intéressant ; l'existence d'un mystérieux Projet Aquarius, ayant un lien avec l'étude des ovnis, est dévoilée. On peut admettre qu'un agent divulguant un document secret cherche à se protéger. En fait, la personne qui a remodelé le document n'est autre que... William Moore ! Richard Hall, du FUFOR, l'a signalé dès 1983, et l'a confirmé en mai 1989. Selon lui, Moore s'en est expliqué lors d'une réunion de cet organisme : il a agi ainsi, a-t-il expliqué, uniquement parce que le document original était trop peu lisible pour être reproduit [13]. Un enquêteur indépendant, Robert Hastings, a fait alors observer que ce genre de procédé n'est pas de nature à accroître la crédibilité du document : Moore aurait dû s'expliquer clairement et diffuser l'original en même temps que la copie redactylographiée.

C'est en cette même année 1989 que Moore a perdu toute crédibilité aux yeux de la communauté ufologique, car il est alors apparu clairement qu'il avait participé à des opérations de désinformation conduites par l'A.F.O.S.I. Robert Hastings, résidant à Albuquerque, a raconté en mars 1989 que, après avoir lu un article de Barry Greenwood faisant mention, dès 1985, de l'existence d'un groupe ultra-secret appelé MJ-12, il avait rencontré, en mars 1986, Lee Graham, chercheur à l'origine de cette information. Graham, travaillant pour un constructeur aéronautique et habilité au secret, lui fit une bonne impression. Il lui confia qu'il tenait d'un « agent de renseignements » *(« Intelligence operative »)* plusieurs documents, dont le télex du Projet Aquarius et un autre document relatif à un certain Projet Snowbird. Par la suite, Hastings est resté en contact avec Graham, mais c'est seulement au début de juin 1987, juste avant la divulgation par Moore du document Majestic 12, que Graham a révélé spontanément à Hastings l'identité de son informateur : William Moore lui-même ! Questionné par Hastings, Graham a expliqué que Moore, lorsqu'il l'avait contacté pour la première fois, lui avait montré un badge officiel identique à celui que portent les agents du D.I.S., le Defense Investigative Service, département du ministère de la Défense [14]. Moore s'est ensuite « expliqué » en prétendant qu'il avait agi ainsi pour plaisanter, mais il a bien fini par admettre ses liens avec les services secrets, et plus précisément avec l'agent spécial Richard Doty, de l'A.F.O.S.I. Il a même été contraint d'avouer, lors du symposium du MUFON, en juillet 1989, à Las Vegas, qu'il avait participé à la diffusion de fausses informations, sensationnelles et effrayantes, relatives à des laboratoires souterrains concédés à des extraterrestres dans la région d'Albuquerque. Ces informations étaient destinées en particulier à déstabiliser le chercheur Paul Bennewitz – et y parvinrent.

Jacques Vallée évoque cet épisode dans son livre *Révélations* : « À la fin de son intervention décousue, il refusa de répondre aux questions de l'assistance et s'esquiva précipitamment de l'auditorium par une porte latérale [15]. » Selon cet auteur, Paul Bennewitz avait cru capter des signaux électroniques extraterrestres, qui n'étaient en fait que des tests électroniques militaires secrets : « Selon les déclarations publiques et privées de Bill Moore, les officiers de la sécurité de l'O.S.I. décidèrent alors d'encourager les fantasmes de Bennewitz et de tout simplement le rendre fou en les amplifiant. Ils firent appel à Bill Moore, qui accepta sans hésiter, lui donnant mission de faire croire à Bennewitz que des hélicoptères parfaitement ordinaires, qui menaient des exercices de sauvetage de nuit aux limites de la ville d'Albuquerque, étaient en fait des soucoupes volantes cherchant à enlever d'innocents automobilistes [16]. » Cet épisode lamentable a provoqué la colère de son partenaire, Stanton Friedman, et a mis fin à la carrière ufologique de William Moore, également soupçonné d'avoir été payé pour accomplir ce travail peu honorable (il avait à l'époque de gros problèmes d'argent), bien qu'il s'en soit défendu très vivement.

Faut-il conclure que toutes les rumeurs ou informations relatives à des activités secrètes d'agences gouvernementales américaines sont fausses ou sujettes à caution ? Il existe un nombre substantiel de témoignages accréditant ces révélations, certains anonymes, mais de source néanmoins plus crédible que ceux de l'équipe Moore / Shandera. D'autre part, depuis la divulgation des documents sur Majestic 12, certaines informations d'origine douteuse se sont également accumulées, si bien qu'il est quasiment impossible, à l'heure actuelle, de démêler le vrai du faux, ce qui est peut-être, justement, l'objectif recherché par les « désinformateurs ».

Enquêteur digne de foi, le Dr Bruce Maccabee affirme par exemple s'être entretenu personnellement avec des gens au sujet des projets secrets de l'armée de l'air en cours : « Certaines des informations qui m'ont été données coïncident avec ce qui a été présenté dans Majestic 12 ; certaines vont au-delà [17]. »

À la suite de l'affaire Majestic 12, plusieurs enquêteurs se sont lancés à la recherche de nouveaux témoignages ; ils en ont trouvé. À l'issue de recherches menées au cours des années 80, William Steinman, puis Grant Cameron et Scott Crain, ont remonté une filière impliquant un ingénieur canadien décédé, Wilbert Smith, dont ils ont pu consulter les archives, avec l'autorisation de sa veuve. Ils y ont découvert les notes qu'il avait prises au cours d'un entretien, en 1950, avec le Dr Sarbacher, physicien, à l'époque conseiller scientifique pour le Joint Research and Development Board du ministère de la Défense. Smith étudiait pour le gouvernement canadien la faisabilité de capter l'énergie du magnétisme terrestre ; ces recherches l'avaient conduit à s'intéresser aux récits sur les ovnis. Le livre de Frank

Scully sur les récupérations de soucoupes volantes venait de paraître ; à l'occasion d'un voyage d'étude à Washington, Smith avait demandé au Dr Sarbacher ce qu'il en pensait : « Les faits rapportés dans ce livre sont corrects pour l'essentiel », lui répondit ce dernier, ajoutant que les études sur les soucoupes volantes étaient classées à un niveau très élevé dans la hiérarchie du secret : « Deux points plus haut que la bombe H. En fait, c'est actuellement le sujet dont l'accès est le plus restreint au sein même du gouvernement [18]. »

En 1983, William Steinman a réussi à retrouver Sarbacher, paisible retraité, en Floride. Les deux hommes ont échangé une correspondance. Dans son courrier du 29 novembre 1983, Sarbacher donne quelques précisions intéressantes. Il confirme le rôle du Dr Vannevar Bush dans ces études, révèle celui du mathématicien John von Neumann, l'un des pères de l'informatique, et suppose que Robert Oppenheimer, concepteur de l'arme atomique, y a lui-même participé ! Il confirme l'extrême légèreté et la très grande résistance des matériaux récupérés dans les soucoupes accidentées. Le Joint R & D Board, dont il a été conseiller, et dont Vannevar Bush a été le premier directeur en 1946, était le groupe qui supervisait les études sur les ovnis récupérés [19].

Au fur et à mesure de leurs enquêtes, les ufologues ont fini par mettre au jour une véritable toile d'araignée de services secrets et de groupes de recherche qui semblent avoir tous « trempé », de près ou de loin, dans les recherches sur les ovnis, toujours classées secrètes, bien entendu. On y trouve par exemple un organisme qui semble être placé au centre de la toile, la D.A.R.P.A. (Defense Advanced Research Projects Agency), placé sous le contrôle de la C.I.A. et de la

D.I.A. (Defense Intelligence Agency). Créé en 1958, cet organisme travaille conjointement avec les services de renseignements des trois armes.

Parmi les informations dont la qualité est plus sujette à caution figurent des « révélations », apparues surtout depuis le début des années 80, à l'origine desquelles on retrouve des « agents spéciaux », tel Richard Doty. L'une des plus spectaculaires est précisément le compte rendu d'un entretien de la journaliste Linda Moulton-Howe, réputée et digne de foi, avec l'agent Doty, sur la base de Kirtland. Linda Howe avait réalisé en 1980 un excellent documentaire sur les étranges mutilations dont était victime le bétail dans les régions de l'ouest des États-Unis et du Canada. Au début de 1983, elle travaillait à un documentaire sur les ovnis pour la maison de production Home Box Office (H.B.O.) lorsqu'elle a été contactée par l'A.F.O.S.I. Dans une lettre du 17 octobre 1987 à Barry Greenwood et Larry Fawcett, auteurs du livre *Clear Intent* et éditeurs du bulletin *Just Cause*, elle a affirmé, déposition écrite devant notaire à l'appui, que Richard Doty, l'agent spécial de l'A.F.O.S.I., lui avait montré en avril 1983 un document intitulé « Presidential Briefing Papers », analogue au document Majestic 12 reçu par Shandera un an plus tard, mais dont le contenu était de bien plus grande portée. Ce dossier, dont elle a pu prendre connaissance sur place sans toutefois pouvoir rédiger de notes, confirmait l'existence du groupe MJ-12, et mentionnait un autre crash d'ovni (cité dans le livre de Scully), celui d'Aztec, au Nouveau-Mexique, en 1948. Pourquoi le document mis au jour par William Moore, et censé avoir été écrit en 1952, n'en fait-il pas état ? Le document vu par Linda Howe comportait des révélations de premier plan : des contacts avaient été pris avec plusieurs espèces d'extraterrestres, dont les fameux « Gris » ou « Petits Gris », aujourd'hui bien connus, mais aussi les « Blonds » ou « Grands » (*« The Talls »*)... lesquels semblaient mal s'entendre avec les premiers ! (Les « Gris », présents sur Terre depuis l'aube de l'humanité, ne font pas seulement partie de notre histoire sociologique et religieuse : ils se seraient livrés à des manipulations génétiques sur l'homme...) Toujours selon Linda Howe, l'agent Doty lui a expliqué que, s'il lui présentait ce document, c'était parce que le gouvernement avait l'intention de lui fournir plusieurs milliers de mètres de film, tournés de 1947 à 1964, montrant des disques accidentés et des corps d'extraterrestres, afin qu'elle intègre ces éléments dans son documentaire. Cependant, l'offre est restée sans suite, et a eu d'ailleurs pour conséquence de faire échouer son projet de documentaire. Elle s'est vu expliquer qu'au gouvernement on ne souhaitait pas que les ovnis soient associés, dans l'esprit du public, aux mutilations de bétail ! Linda Howe a également rappelé qu'une proposition semblable avait été faite au début des années 70 au journaliste Robert Emenegger, auquel on avait proposé, pour un documentaire en préparation devant être diffusé à la télévision en 1974, un film montrant l'atterrissage d'un ovni sur la base de Holloman, près de White Sands ! Bien entendu, le projet avait échoué lui aussi.

William Moore, toujours bien informé, a affirmé que Linda Howe avait été trompée par Doty. Lui aussi, sans doute ! Mais pourquoi toutes ces pseudo-révélations ? Qui tire les ficelles, et dans quel but ? À l'époque, les récits d'ovnis accidentés étaient encore très rares, même dans le milieu ufologique, et plus encore les témoignages de contacts avec des extraterrestres.

Il apparaît ainsi que ce sont les services secrets qui ont lancé eux-mêmes toutes ces rumeurs, de plus en plus étonnantes.

Depuis ces révélations, une nouvelle vague d'informations non contrôlées s'est répandue dans le petit monde ufologique, en particulier des informations convergentes sur l'existence d'un centre de recherches ultra-secret sur les ovnis, surnommé Dreamland, ou « Zone 51 » (parce qu'il aurait été ouvert en 1951), à Groom Lake, zone particulièrement isolée du vaste périmètre militaire de Nellis, au nord de Las Vegas, dans le désert du Nevada. C'est là (et aussi dans la « Zone S4 »), affirme notamment Bob Lazar, un jeune ingénieur qui dit y avoir travaillé quelque temps (mais qui ne peut le prouver), que seraient testés des engins utilisant la technologie des ovnis, avec l'aide des extraterrestres eux-mêmes, les fameux « Petits Gris » qui y auraient leurs entrées...

Des « révélations » de ce genre ont été présentées le 14 octobre 1988 lors d'une émission de télévision grand public présentée par Mike Farrell, et intitulée « UFO Cover-Up Live ». Bâclée selon les uns, soigneusement préparée selon d'autres (les ufologues invités avaient dû se prêter à des répétitions), l'émission offrait la parole à deux personnages masqués, présentés comme des agents secrets baptisés « Faucon » et « Condor ». Les révélations sensationnelles de ces personnages sur les contacts pris avec avec les « E.B.E. » (« entités biologiques extraterrestres ») se trouvent vidées de leur substance du fait de certains détails et d'une mise en scène ridicules : les E.B.E. étaient présentées comme des nains de jardin aimant la glace à la fraise, le tout sur fond de musique légère [20] ! On a appris par la suite que « Faucon » n'était autre que Richard Doty, et que c'est William Moore qui lui avait donné ce nom de code, avec la complicité de son ami Shandera. Puis, on a appris que Moore avait menti, que Doty n'était pas « Faucon », mais un agent subalterne, le manipulateur en chef restant anonyme !

« Condor », lui, a été identifié comme étant le colonel Robert Collins, également membre des services de renseignements militaires. Leonard Stringfield a affirmé que Collins lui avait proposé de lui fournir des informations de premier ordre s'il lui livrait les noms des témoins de récupérations d'ovnis accidentés, témoins de plus en plus nombreux à l'époque. Bien entendu, Stringfield s'y était refusé, à la suite de quoi Collins avait rompu tout contact avec lui... Linda Howe affirme de son côté que l'agent spécial Collins a fortement insisté pour la rencontrer, avec John Lear, en novembre 1987, à Albuquerque, et qu'il leur a montré des documents relatifs à Majestic 12, dont beaucoup faisaient état d'extraterrestres vivants, détenus en captivité par le gouvernement américain [21] ! Collins lui a aussi confirmé qu'il travaillait depuis longtemps avec William Moore.

D'autres lieux ont fait également l'objet de rumeurs et de témoignages anonymes : ainsi une base souterraine prétendument située sur le territoire de la réserve indienne de Dulce, dans le nord du Nouveau-Mexique, au nord de Los Alamos. Les habitants de la région auraient observé, dit-on, de mystérieux appareils lumineux et silencieux semblant émerger de puits souterrains...

# 6

# Nouveaux témoins, nouvelles polémiques

## *Le scénario révisé de Randle et Schmitt*

De tous les dossiers relatifs aux ovnis, le plus solide, en dépit des chausse-trapes que nous avons évoquées, demeure celui de Roswell, du fait de l'existence de plusieurs centaines de témoignages.

Kevin Randle et Donald Schmitt, qui ont poursuivi leur travail avec acharnement, ont présenté leurs résultats en 1994 dans un nouveau livre, au demeurant très controversé. Intitulé sans ambages *The Truth About The UFO Crash at Roswell*[1], cet ouvrage, plus encore que le premier, *UFO Crash at Roswell*, paru en 1991, a immédiatement été l'objet de vives critiques. Leur premier ouvrage, en proposant un scénario vraisemblable, avait largement contribué à établir les bases d'un accord entre de nombreux ufologues (à la brillante exception de Stanton Friedman), malgré des zones d'ombre, le lieu et la date de la découverte de l'ovni et des cadavres étant par exemple mal précisés. Dans leur nouveau livre, Randle et Schmitt remettent partiellement en question ce qu'ils appellent maintenant, non sans condescendance, un « consensus raisonnable » (*« conventional wisdom »*), si laborieusement acquis à partir de 1992. La polémique naissante conduira Kevin Randle à publier en juillet 1995, seul cette fois, son livre *Roswell UFO Crash Update* [2] (« Le crash de Roswell : nouvelles découvertes »).

Dans leur second livre, Kevin Randle et Donald Schmitt n'ont pas seulement modifié le calendrier et le site supposé du crash de l'ovni ; ils ont précisé l'aspect physique de ses occupants. Ces éléments mis à part, le scénario généralement admis reste inchangé.

Le principal opposant aux thèses défendues par Randle et Schmitt est, outre Friedman, Karl Pflock, auteur d'un rapport publié presque en même temps par le Fund For UFO Research, organisme respecté. Ce volumineux rapport présente une hypothèse nouvelle : celle des trains de ballons du Projet Mogul. Karl Pflock se livre à une mise en question systématique des nombreux témoignages rassemblés par Randle et Schmitt. Mais quelles « nouveautés » contient donc l'ouvrage de ces deux auteurs ?

Le premier élément nouveau est la « révélation » de l'endroit où l'ovni se serait véritablement écrasé, avec ses occupants. Il était couramment admis que ce site se trouvait à trois ou quatre kilomètres, tout au plus, du champ de débris du fermier Brazel, à environ 120 km au nord-ouest de Roswell, à l'écart des routes. Randle et Schmitt, s'appuyant sur plusieurs nouveaux témoignages, le situent cette fois bien plus près de Roswell, à environ 56 km au nord, à 13 km à l'ouest de la route 285*.

La description de l'engin elle aussi a changé. Jusque-là, tous s'accordaient sur la forme de la soucoupe. Elle

* Voir carte dans le cahier hors texte, page VI.

semblait faire l'unanimité, et reposait sur le témoignage de l'ingénieur Barnett, dont on suppose aujourd'hui qu'il a vu l'ovni dans la région de Roswell. Une autre hypothèse, selon laquelle les cadavres auraient été découverts dans une petite « capsule » de sauvetage, s'inspirait de la description des débris faite par Glenn Dennis. Aperçus dans une ambulance à l'entrée de l'hôpital, ils lui avaient fait penser à l'avant d'un canoë. Dennis a d'ailleurs confirmé sa description à Karl Pflock, et lui a fait un dessin, que ce dernier a montré au symposium du MUFON, en juillet 1995. Pour Randle et Schmitt, au contraire, l'engin n'avait pas la forme d'une soucoupe, ni d'un « canoë » de sauvetage, mais d'une sorte d'avion à courtes ailes delta, renflées et cannelées, comme celles d'une chauve-souris, et dont l'aspect général pourrait faire penser à nos navettes spatiales. L'appareil se serait planté dans le sol au pied d'une petite falaise, formant un angle de 30° environ. Très abîmé par le choc, son avant aurait été enfoncé et le côté gauche éventré.

Le troisième point nouveau apporté par Randle et Schmitt concerne la description des cadavres, assez différente de celle admise par tous. « Leur » extraterrestre est plus humain : un visage presque normal d'enfant et cinq doigts aux mains. Cette description est l'élément qui a suscité le plus d'émoi, tant elle paraît peu vraisemblable.

À lire Randle et Schmitt, le calendrier s'est fort resserré. Le crash est désormais censé avoir eu lieu le vendredi 4 juillet au soir, au lieu de la date généralement admise du mercredi 2 au soir. Cela conduit d'ailleurs nos auteurs à resituer le fameux orage et l'explosion violente entendue par Brazel.

Cependant, le point principal du nouveau scénario a trait à la découverte et à la récupération de l'engin et des cadavres par l'armée. Aucune date précise concernant cette récupération n'était jusqu'alors connue ni avancée. On pensait que les cadavres avaient dû rester dans la nature plusieurs jours car, aux dires de l'infirmière militaire qui en avait vu trois à l'hôpital, deux d'entre eux étaient en très mauvais état et dégageaient une odeur épouvantable. On supposait en fait qu'ils avaient été découverts près du champ de débris, peut-être dans la matinée du mardi 8, au cours du survol du secteur par un petit avion d'observation. C'était relativement cohérent : d'abord les débris, ensuite le communiqué de presse de la base, puis le choc de la découverte des cadavres, et enfin le silence autour de toute l'affaire. Mais Randle et Schmitt s'opposent à cette thèse. Pour eux, les militaires auraient repéré par radar la chute de l'ovni dès le vendredi soir et seraient allés le récupérer le lendemain matin à l'aube ; plus incroyable encore, l'autopsie préliminaire à l'hôpital aurait eu lieu dès le samedi après-midi !

Une autopsie aussi rapide est-elle vraisemblable ? D'une part, on a du mal à imaginer des cadavres – même d'extraterrestres ! – se décomposant aussi vite. D'autre part, la date du samedi se trouve contredite par Glenn Dennis lui-même, qui s'est rappelé qu'après avoir rencontré l'infirmière au mess des officiers il avait remarqué, à la une du *Roswell Daily Record,* la manchette annonçant la découverte de la soucoupe volante. Ces événements ayant eu lieu le mardi 8 juillet, il s'était donc fait refouler de l'hôpital le lundi 7, au moment même où avait lieu l'autopsie. Voilà qui expliquerait la puanteur des cadavres, même si la date du vendredi 4 pour le crash paraît acceptable, sachant d'autre part que les cadavres avaient été placés dans des sacs étanches. J'ai eu l'occasion d'évoquer ce point avec Kevin Randle, qui suppose que l'autopsie a eu lieu le lendemain du crash : comment expliquer alors la puanteur des cadavres ? Ce dernier m'a rétorqué que nos connaissances sur la décomposition des cadavres d'extraterrestres sont limitées !

Excepté la date, discutable, de l'autopsie, les grandes lignes du scénario classique demeurent inchangées : l'arrivée de Brazel à Roswell le dimanche vers midi ; son retour au ranch le soir même en compagnie de Marcel et Cavitt, tandis que les échantillons de débris sont transportés d'urgence sous sac scellé à Washington (témoignage du général DuBose) ; la récolte des débris par Marcel et Cavitt toute la journée du lundi 7 ; etc.

Une objection découlant du nouveau calendrier a été formulée par l'ufologue Dennis Stacy dans le *MUFON UFO Journal* d'avril 1994. Si les militaires de Roswell ont effectivement découvert l'engin et les cadavres avant le champ de débris, alors le communiqué de presse du colonel Blanchard, annonçant la découverte d'une soucoupe le mardi 8, n'est plus seulement une bourde, c'est une « erreur monumentale, de nature à briser sa carrière, un acte de parfaite stupidité et de réelle insubordination, au point d'être presque inimaginable [3] ». Or, Blanchard est devenu par la suite général et s'est vu décerner une quatrième étoile ! Cependant, le nouveau calendrier permet peut-être, nous le verrons, d'expliquer l'étrange communiqué de la base de Roswell. Mais quels sont ces nouveaux témoignages ?

### *Des témoins contestés*

Les deux nouveaux témoins de premier plan présentés par Randle et Schmitt ont été d'emblée critiqués.

Le premier, qui apparaît sous le nom de MacKenzie, s'appelle en réalité Frank Kaufmann. (Karl Pflock, dans son rapport *Roswell in Perspective*, a été le premier à révéler ce fait, provoquant la colère de Randle et Schmitt qui lui ont reproché d'avoir brisé l'anonymat de ce témoin.) En fait, il avait déjà été cité, sous son vrai nom, dans le premier livre de Randle et Schmitt ; mais il n'apparaissait alors que comme témoin secondaire.

Le second témoin, Jim Ragsdale, affirme, tout comme Kaufmann, s'être rendu sur le lieu du crash. Kaufmann était membre de l'équipe militaire, et Ragsdale un visiteur clandestin campant à proximité avec son amie. Kaufmann affirme avoir suivi les événements de bout en bout, depuis le repérage de l'ovni par les radars.

Kaufmann et Ragsdale ne sont pas les seuls nouveaux témoins sur lesquels repose le nouveau livre de Randle et Schmitt. Ainsi présentent-ils deux des mystérieux archéologues, mentionnés à l'origine par Barnett, mais dont on désespérait de retrouver la trace un jour, et le commandant Easley. Ce dernier, chef de la police militaire de Roswell, a admis avoir mis en place et veillé au cordon de sécurité autour de l'ovni !

Mais revenons aux témoins principaux. Kaufmann affirme que, depuis le 1er juillet 1947, les militaires de White Sands (à 160 km à l'ouest de Roswell, près d'Alamogordo) suivaient sur leurs radars un ovni survolant le sud du Nouveau-Mexique. Les observations de White Sands étaient corroborées par les radars de Roswell et d'Albuquerque (où se trouve la base de Kirtland). Cela pose déjà un problème : White Sands et

Kirtland sont séparés de la plaine de Roswell par d'assez hautes montagnes, si bien que les radars de ces bases ne pouvaient observer la totalité du ciel de cette région en dessous d'une certaine altitude : environ 2 500 m, précise Kaufmann. La base de Roswell était donc plus à même de balayer le ciel de sa propre région. Pourtant, Kaufmann, qui se trouvait à Roswell en tant qu'agent de renseignements (son grade n'a pu être précisé), dit avoir été envoyé à White Sands pour observer l'ovni, sur ordre du général Scanlon, de l'Air Defense Command à Washington, auquel il devait rendre compte directement. Il ne devait pas quitter l'écran radar des yeux, si bien qu'il avait installé un miroir dans les latrines pour pouvoir continuer à l'observer [4] !

Que penser de ce témoignage ? Stanton Friedman, qui l'a rencontré à Roswell, m'a dit ne pas croire un mot de ce témoin ; pour lui, ce n'est qu'un bonimenteur new-yorkais ! Il est vrai que Friedman n'est pas neutre ; il n'a jamais raté une occasion de jeter un bâton dans les roues de Randle et Schmitt. Ceux-ci admettent également que le témoignage de Kaufmann n'est pas à l'abri des critiques, mais le considèrent plutôt crédible dans l'ensemble.

Kaufmann était en contact avec un officier de contre-espionnage à Washington, du nom de Robert Thomas, qui suivait de très près les observations de ce mystérieux ovni. Au beau milieu de la nuit du 3 au 4 juillet, Thomas a appelé Kaufmann pour l'informer de son arrivée. De fait, Thomas a débarqué dans l'après-midi du 4, par vol spécial de Washington, accompagné d'un photographe et de quelques experts. Non à White Sands, mais à Roswell, où Kaufmann, d'ailleurs, était déjà revenu.

Ce soir-là, raconte Kaufmann, la situation a évolué. Sur l'écran-radar, l'objet s'est mis à « pulser », puis le « blip » est soudain devenu très brillant avant de disparaître vers 23 h 20. Les techniciens ont été capables, du fait qu'il y avait trois points d'observation différents, de localiser approximativement la zone d'impact de l'ovni, facilitant ainsi les recherches qui débutèrent le lendemain à l'aube... Stanton Friedman, physicien de formation, m'a fait observer qu'il est absurde d'imaginer pouvoir « voir » une explosion sur un écran-radar. Mais que savons-nous de l'explosion d'un ovni ? Peut-être produit-elle des ondes détectables par radar ? À cela, Friedman n'a rien répondu.

Randle et Schmitt disent avoir retrouvé plusieurs nouveaux témoins qui corroborent la date du vendredi 4 juillet pour le crash. Mentionnons d'abord William Woody, qui a vu avec son père une lumière blanche, très intense, avec des traits rouges, traverser le ciel ce soir-là. À l'hôpital Sainte-Marie de Roswell, des sœurs franciscaines, qui avaient l'habitude de contempler le ciel à la nuit tombée, ont noté sur leur registre la chute d'une lumière brillante, entre 23 h et 23 h 30. Elles ont cru que c'était un avion en détresse. Un groupe d'archéologues a lui aussi remarqué le même phénomène, leur chef, Curry Holden, ayant même demandé à l'un d'eux d'alerter les pompiers ou la police, supposant qu'il s'agissait d'un accident d'avion. Quant au caporal Pyles, il se trouvait à une vingtaine de kilomètres au sud-ouest de la base de Roswell quand il a vu une lumière, entourée d'une lueur orange, traverser le ciel puis plonger vers le sol. Enfin, le jeune campeur Jim Ragsdale et son amie Trudy Truelove ont également été témoins du phénomène.

Jim Ragsdale se souvient avoir vu passer de près un objet volant lumineux et bruyant, vers 23 h 30, le vendredi 4 juillet alors qu'il campait avec son amie Trudy à une cinquantaine de kilomètres au nord de Roswell – ce qui laisse perplexe, car la région est très sauvage et fréquentée par des serpents à sonnette. Devinant que l'engin s'était écrasé tout près, il a entraîné Trudy, très inquiète, vers le point de chute. Il a effectivement aperçu l'engin au sol, mais ce n'est que le lendemain matin, en retournant à l'aube sur les lieux, qu'il a découvert l'appareil et les cadavres, tels qu'ils ont été décrits précédemment.

Randle et Schmitt soulignent que le témoignage de Ragsdale (ou du moins cette première version, car il y en aura d'autres !) est confirmé par plusieurs membres de sa famille [5]. Pourtant, des divergences apparaissent ici avec les récits d'autres témoins. Ragsdale raconte qu'il était seul avec son amie Trudy lorsqu'ils sont arrivés sur le site au petit matin. Ils n'ont vu ni les archéologues ni Barnett. En revanche, ils ont vu arriver les militaires, un convoi bruyant de plusieurs camions (et même une sirène !), puis se sont retirés sans se faire remarquer. Ils auraient toutefois eu le temps de ramasser quelques débris qui jonchaient le sol aux alentours de l'appareil accidenté, et de s'approcher suffisamment près des cadavres pour en donner une brève description : de petits êtres ressemblant à des nains. La description des débris est plus intéressante. Ragsdale se souvient de morceaux flexibles mais qui reprenaient leur forme initiale, et de fragments qui, eux, restaient inchangés après avoir été tordus. Il eut par ailleurs le sentiment que l'appareil disposait d'une sorte d'enveloppe souple et pliable. Était-ce un engin de sauvetage, situé dans l'appareil principal (lui-même de forme circulaire, comme le suggèrent les fragments du champ de débris), qui se serait déployé avant que celui-ci n'explose en vol ? Cette hypothèse permettrait de répondre à cette question : comment un petit appareil (celui qui aurait été découvert) a-t-il pu produire autant de débris sur le terrain de Brazel ?

À Roswell, Kaufmann et l'équipe spéciale de Washington ont reçu quant à eux l'ordre de se rendre immédiatement sur le site du crash. On les a prévenus que des civils étaient présents sur le site. Partis avec plusieurs véhicules, trois jeeps et quatre camions dont un pourvu d'une grue, ils quittent la route 285 et font du tout-terrain jusqu'au site. Celui-ci est déjà bouclé, et seuls quelques privilégiés sont autorisés à s'approcher de l'engin et des cadavres : à ce moment neuf personnes, dont Kaufmann donne la liste – encore que d'après lui, d'autres soient arrivés par la suite. Sont notamment présents, le colonel William Blanchard, flanqué du major Easley, chef des MP's qui gardent le site, et du capitaine « Pappy » Henderson. Le mystérieux officier Thomas est là aussi, avec deux aides et deux photographes venus de Washington, chargés de prendre des clichés du site. Arrive ensuite une unité spéciale de White Sands, puis d'autres encore, venues de la côte Ouest.

Randle et Schmitt mentionnent le témoignage d'un autre officier, le lieutenant-colonel Duran, qui recoupe celui de Kaufmann : lui aussi était là et a vu les cadavres [6]. Toujours selon Kaufmann, cet officier venait de Washington et s'est occupé des corps. L'un des membres de son équipe spéciale, revêtu d'une tenue de protection, a placé les cadavres dans des sacs étanches, plombés. Ce détail ne coïncide pas très bien avec le témoignage du sergent Brown, qui a pu apercevoir les cadavres pendant leur transport, en soulevant une bâche.

Selon Frank Kaufmann, il y avait cinq cadavres, petits et minces, hauts d'environ 1,50 m, pourvus de grosses têtes, et d'yeux percés de pupilles, un peu plus grands que ceux des humains. Deux d'entre eux gisaient à l'extérieur de l'appareil, l'un allongé sur le sol, l'autre, bien que mort lui aussi, assis sur un talus ! Kaufmann dit avoir été impressionné par son air serein [7]. Les autres cadavres se trouvaient à l'intérieur de l'appareil. L'un d'eux était sur un siège, penché de côté. Kaufmann a aperçu les jambes d'un quatrième, mais n'a pas vu le cinquième dont il a appris l'existence plus tard.

Les cadavres, raconte Kaufmann, furent emportés par ambulance à la base de Roswell, ils furent gardés la nuit dans un hangar entièrement dégagé pour la circonstance. (Curieusement, pour rapporter cette partie du récit, Randle et Schmitt citent Kaufmann par son vrai nom.) Les cadavres étaient placés dans une seule caisse, au milieu du hangar, et entourés de gardes armés. Selon Kaufmann, on avait fait venir un photographe de Roswell, Jack Rodden, qui prit des clichés des débris et dut prêter serment de garder le secret. Toujours selon Kaufmann, la caisse contenant les cadavres fut transportée par avion à Washington (au terrain d'Andrews), puis au terrain de Patterson (voisin de Wright ; les deux terrains ont été réunis plus tard).

En fait, précise Kaufmann, il y eut deux vols consécutifs, transportant les cadavres, à trente minutes d'intervalle. D'autres avions auraient également décollé afin de faire diversion. Kaufmann était à bord de l'avion pour Washington avec Thomas, un C-54 piloté par le capitaine « Pappy » Henderson. Kaufmann pense que le chef d'état-major, le général Eisenhower, a vu les cadavres sur le terrain d'Andrews. Autre précision de Kaufmann : il y avait à Roswell deux agents des services secrets représentant le Président, McCann et Devinnes. L'un aurait accompagné les corps à Washington, et l'autre serait resté à Roswell. Kaufmann, qui dit connaître beaucoup de choses, n'était pourtant au courant ni de l'autopsie préliminaire à Roswell, ni des vols vers Fort Worth : on ne peut pas tout savoir !

Pour contester ce scénario, les sceptiques ont jugé irréaliste le nombre considérable de personnes impliquées dans cette opération de récupération clandestine, dépassant de beaucoup la simple mise à l'abri de quelques étranges débris. Impossible, disent-ils, d'imposer le silence à tout ce monde pendant aussi longtemps ! Or, depuis quinze ans, les témoignages, parfois anonymes, se sont multipliés. Kaufmann a raconté également que les militaires de Roswell avaient dû prêter serment, l'un après l'autre.

Karl Pflock, dans son rapport *Roswell in Perspective*, critique les témoignages de Kaufmann et Ragsdale. Voici ses principaux arguments.

Kaufmann s'avère être un témoin très versatile. Dans son chapitre intitulé « les contes de Kaufmann [8] », Pflock énumère les versions Frank 1a, Frank 1b, Frank 2 et Frank 3 ! Les versions « Frank 1a et 1b » avaient déjà été présentées par Randle et Schmitt à la fin de leur premier livre, sans que le nom de Kaufmann soit cité ; elles étaient le fruit de deux entretiens (datant de janvier 1990 et avril 1991). Ces deux versions, d'ailleurs, ne se contredisent pas : pourquoi Pflock a-t-il voulu les distinguer ? Dans ce premier récit, très court, Kaufmann décrit l'engin comme ayant la forme d'un « disque » surmonté d'un petit dôme, avec un côté « enfoncé », résultant certainement de l'impact [9]. Une description ambiguë, à mi-chemin entre la classique soucoupe ronde avec dôme, et une forme moins connue.

Dans la version « Frank 2 », Kaufmann apparaît en février 1992 comme témoin dans le débat sur la plaine de San Agustin sous le nom d'emprunt de Joseph Osborne (Randle l'a reconnu). Il révèle que Barnett avait reçu l'ordre d'indiquer ce lieu pour éloigner les soupçons de Roswell, site du vrai crash, que les autorités craignaient à l'époque de voir révélé, à la suite du livre de Frank Scully, et d'articles dans *Newsweek* et *Time*, en 1950. On voit bien la réfutation possible de cette « révélation » : Barnett, semble-t-il, n'avait pas précisé le lieu à ses proches.

Les critiques de Karl Pflock sur la version « Frank 3 », présentée dans le second livre de Randle et Schmitt, portent notamment sur des imprécisions assez fâcheuses. Kaufmann se trompe sur le grade du général Scanlon (brigadier général et non lieutenant général, soit deux grades de différence), et reste très vague sur le sien, disant en avoir eu plusieurs. Il affirme aussi que l'officier Robert Thomas dirigeait les opérations, depuis le bureau même du colonel Blanchard. Or, cela est impossible puisque Thomas n'avait qu'un grade d'adjudant *(warrant officer)*. Mais Kaufmann laisse entendre que ce dernier avait en réalité un grade bien plus élevé ! Où est la vérité ?

Parmi les autres sujets à caution relevés par Karl Pflock, notons les observations au radar qui selon lui ne seraient pas crédibles. Pflock s'interroge également sur le fait qu'il ait pu exister un groupe spécial à Washington avant l'incident de Roswell. Or, les amateurs savent que des observations étranges avaient déjà eu lieu pendant la guerre, puis juste après. 1947, qui est l'année de la première grande vague d'observations d'ovnis, voit aussi le public prendre conscience du phénomène. On peut donc faire confiance aux services de renseignements militaires pour s'en être déjà préoccupés.

Pflock met ensuite en doute la description des cadavres par Kaufmann, lors d'un entretien qu'il a eu avec ce dernier : ils ne ressemblaient pas à l'inquiétant modèle du « Petit Gris » aux grands yeux noirs. Ils étaient « juste comme nous, en mieux [10] ». Leurs mains étaient normales, munies de cinq doigts. Invraisemblable, souligne Pflock. Il est vrai que des extraterrestres à cinq doigts constituent une première dans l'ufologie ! La plupart des descriptions indiquent quatre doigts, éventuellement palmés, ou même prolongés de petites ventouses à leur extrémité (comme dans le témoignage de l'infirmière), ou encore, trois gros doigts, comme dans les visions de Betty Andreasson, déjà bien connues à l'époque du témoignage de Kaufmann. La controverse ne s'achève pas là : nous découvrirons plus loin l'autopsie filmée d'une extraterrestre à six doigts !

Karl Pflock attire également l'attention sur une affirmation assez extravagante de Kaufmann selon laquelle les nouveaux avions indétectables au radar *(« stealth »)* emprunteraient des découvertes issues de l'étude des épaves d'ovnis. Il est tentant de se ranger au côté de Pflock, tant les rumeurs courant à ce sujet paraissent peu fondées. Et néanmoins, faut-il en jurer ? Toutes les attaques de Pflock (elles occupent plus de douze pages de son rapport) ne nous permettent pas d'écarter totalement le témoignage de Frank Kaufmann.

Le cas de Jim Ragsdale est un peu différent. Ragsdale a récemment modifié son récit, à l'instar de Gerald Anderson. Randle et Schmitt l'ont récemment reconnu dans leur nouveau bulletin, le *Roswell Reporter*. Leur article, intitulé *Ragsdale Romances*[11] (« Les affabulations de Ragsdale »), est on ne peut plus clair à ce sujet. Cependant, ils soutiennent que son premier récit était crédible, et c'est pourquoi il est intéressant d'en rappeler les tenants et aboutissants.

Don Schmitt a découvert l'existence de Jim Ragsdale à la fin de l'année 1992. Celui-ci venait d'avoir un grave accident de voiture, mais Randle et Schmitt ont toutefois pu s'entretenir avec lui en janvier 1993, alors qu'il était encore souffrant et alité. Ses jours étaient en danger et il n'avait donc aucune raison, dans cette situation, d'inventer des histoires. Il leur a renouvelé son récit en avril. Son fils a confirmé ses dires dans un entretien avec Mark Rodegheir, directeur scientifique du CUFOS, notamment au sujet du lieu du crash. D'autres membres de sa famille ont également témoigné que Jim leur avait parlé de ces événements bien avant l'enquête sur Roswell, si bien que ce témoignage semble crédible.

L'une des critiques adressées à Ragsdale est qu'il prétendait travailler dans la région sur le chantier d'un pipe-line. Or, remarque Karl Pflock, ce pipe-line n'a été construit que bien plus tard. Mauvaise querelle, répond Randle : Ragsdale n'a dit dans aucun entretien avoir travaillé sur ce chantier en 1947. Il n'a évoqué ce fait que pour situer la zone du crash. Autre critique : Ragsdale ne fait à aucun moment mention de l'équipe d'archéologues qui, dans le récit de Barnett, étaient arrivés avant les militaires. C'est un fait que reconnaissent Randle et Schmitt, même s'il est concevable qu'il ne les ait pas remarqués. De leur point de vue, s'il faut critiquer Ragsdale, c'est moins sur ces détails que sur l'évolution récente de son témoignage. Ragsdale, noyé dans des problèmes personnels – santé, divorce, besoin d'argent –, s'est mis à modifier ses propos au cours des derniers mois de l'année 1994 : « Il est évident que, depuis septembre 1994, Ragsdale a été "pris en main" et que son histoire a commencé à lui rapporter de l'argent », affirment les auteurs [12]. Il a enrichi son récit, décrivant maintenant avec un luxe de détails les extraterrestres et leur appareil : ils portaient un casque, l'engin avait un dôme, etc. Soudain, ce témoignage devient suspect. La famille de Jim Ragsdale confirme qu'il a reçu beaucoup de lettres et de coups de téléphone. Un détracteur l'a même menacé d'une action en justice à Washington. Un autre a tenté de se faire passer pour Donald Schmitt afin de le faire parler. Enfin, Randle et Schmitt affirment avoir eu connaissance d'un document lui promettant de l'argent en échange de l'exclusivité de son histoire. Par chance, Randle et Schmitt ont retrouvé d'autres nouveaux témoins, notamment des militaires.

### *Nouvelles lumières*

Des témoins militaires de cette affaire, il en est de tous grades. Ainsi, le commandant Ellis Boldra, ingénieur à Roswell en 1952, a découvert quelques échantillons de débris dans un coffre du bureau d'ingénierie. Il a essayé sans succès de les brûler et de les faire fondre avec une torche à acétylène, mais l'échauffement était si minime que l'on pouvait les prendre en main très peu de temps après. Il a également tenté de les couper avec divers outils. Bien que très minces, ces morceaux ont résisté. Flexibles, ils reprenaient cependant leur forme originelle [13]. Lewis Rickett, que nous connaissons déjà – il était à l'époque sergent-chef sous les ordres du capitaine Cavitt –, a décrit, peu de temps avant sa mort, un ovni en forme de « sabot » confirmant ainsi, dans une certaine mesure, la description de l'engin faite par Kaufmann et Ragsdale. Cette forme est connue des ufologues : il s'agit de la demi-lune munie d'une petite queue à l'arrière décrite par Kenneth Arnold, le premier témoin civil ayant signalé une soucoupe volante, en juin 1947.

Le commandant Edwin Easley, ancien chef de la police militaire et responsable du cordon de sécurité autour de l'appareil, a dit et répété qu'il ne pouvait parler. Il a même confié à sa famille qu'il avait prêté serment au Président lui-même ! Malgré cela, il a quand même relaté ce qu'il avait vu : un engin d'origine extraterrestre. Il a aussi confirmé le lieu du crash [14].

L'un des soldats du cordon de sécurité a lui aussi parlé. Selon Kevin Randle (dans *Roswell UFO Crash Update*), Leo Spear faisait partie de la 1 395e Compagnie de police militaire, à Roswell. Bien qu'il n'ait rien vu lui-même, il se souvient que d'autres soldats étaient revenus du site du crash en parlant de soucoupe volante. Sur le moment, il n'avait pas cru un mot de leur histoire, jusqu'à ce qu'il lise le journal de Roswell quelques jours plus tard.

Un autre témoignage, très récent et important, a été recueilli par le journaliste et ufologue Don Ecker, du mensuel *UFO Magazine*, et par John Price, directeur du UFO Enigma Museum (le deuxième musée des ovnis à Roswell !). Thomas Gonzales, alors sergent dans le « Squadron T » de l'unité de bombardement de Roswell et dont la photo figure dans l'annuaire de la Roswell Army Air Force, que possède Price, affirme avoir fait partie du cordon de sécurité autour de l'ovni. Il a ainsi assisté à la récupération de ces êtres qu'il appelle les « petits hommes », et qui nous ressemblent. Don Ecker décrit l'engin comme une sorte d'aile volante *(« airfoil »)* plutôt que comme une soucoupe [15]. Il affirme aussi, dans l'article que lui a consacré *UFO Magazine,* qu'un deuxième ovni a été observé dans la région après le crash. Il ne peut en dire plus, ayant été muté aussitôt après.

Il faut revenir ici sur le témoignage très important du général Exon, déjà mentionné dans le premier livre de Randle et Schmitt. À l'époque lieutenant-colonel affecté à la base de Wright, il avait entendu parler des expériences menées sur les débris. Lui aussi a confirmé la localisation du site du crash et du champ de débris, pour les avoir survolés tous deux. Il a décrit, comme Bill Brazel, le long sillon apparent. Stanton Friedman met en doute ce témoignage, suite à un entretien au cours duquel Exon a prétendu que ses propos avaient été déformés par Randle et Schmitt. Mais Randle affirme détenir des enregistrements de l'entretien. D'autre part, celui-ci a publié dans son dernier livre, *Roswell UFO Crash Update,* une lettre d'Exon, datant du 24 novembre 1991, dans laquelle, tout en soulignant qu'il n'était pas un témoin direct, ce dernier reconnaît avoir survolé les deux sites « beaucoup plus tard », et avoir remarqué le sillon [16].

### *Les archéologues retrouvés*

Kevin Randle et Donald Schmitt ont rassemblé dans leur nouveau livre de nombreux témoignages de civils, en particulier des membres du groupe, longtemps fantomatique, des archéologues qui travaillaient à l'époque dans la plaine de San Agustin, et dont la trace était jusque-là vainement recherchée. Alors que l'on désespérait de les retrouver, une piste intéressante voit le jour avec le témoignage de Mary Ann Gardner. Cette infirmière a recueilli les propos d'une mourante qui lui a confié qu'elle avait assisté, en tant que membre d'une équipe d'archéologues, à la découverte d'un ovni accidenté et de ses occupants morts. Elle avait toujours eu peur d'en parler, à cause des menaces qu'avaient alors proférées les militaires ! Le témoignage de cette infirmière, convaincant, crédible, enregistré sur cassette vidéo, redonna espoir aux enquêteurs.

Dès lors, des recherches sont entreprises, au laboratoire d'anthropologie de Santa Fé et au Musée du Nouveau-Mexique, pour déterminer les noms d'archéologues ayant travaillé à l'époque dans cette région ; hélas, ces pistes ne donnent rien. Autre échec, plutôt folklorique : celui d'un archéologue amateur qui sillonnait le Nouveau-Mexique à la recherche de poteries indiennes, connu dans certain café de Taos sous le sobriquet de « Cactus Jack », et dont on n'a jamais retrouvé la trace. Dommage, car chacun connaissait son histoire de soucoupe volante récupérée par l'armée… En fait, c'est l'ufologue Tom Carey, du MUFON, qui a permis de retrouver les archéologues. Il a d'abord rencontré le Dr Bertram Schultz, un paléontologue qui était à Roswell en 1947. Schultz se souvient d'une équipe d'archéologues qui lui avaient parlé de la découverte de la soucoupe. Il avait aussi observé des militaires le long de la route 285, au nord de Roswell. Mieux encore, il se rappelle le nom du chef du groupe, le Dr Curry Holden, qui avait dirigé un département d'histoire et d'anthropologie au Texas. Holden a été interviewé par Randle et Schmitt, en 1992, peu de temps avant sa mort, à l'âge de quatre-vingt-seize ans. Il confirme de la manière la plus claire qu'il était là et qu'il a tout vu. Bien entendu, ce témoignage est contesté, compte tenu de l'âge de Holden, mais Randle et Schmitt soutiennent qu'il était totalement lucide. Les enquêteurs ont également recueilli le propos anonyme d'un autre archéologue, qui n'était pas sur le site, mais a affirmé connaître l'histoire [17] – un témoin que Karl Pflock a surnommé par dérision « Indiana Jones »...

Randle et Schmitt ont par ailleurs trouvé encore un témoignage crédible, et de première main, sur les étranges débris du ranch de Brazel, celui de Sally Tadolini, fille de Marian Strickland, l'une des voisines de Brazel en 1947. Elle se souvient d'un échantillon montré par Brazel, une petite pièce de couleur grise. Brazel l'avait ramassée en boule dans sa main et, quand il l'avait ouverte, elle avait repris sa forme originale. Cette pièce ressemblait à une feuille d'aluminium, mais n'était sans doute pas métallique.

### *Un extraterrestre survivant ?*

Voici maintenant une série de témoignages qui font « monter les enchères ». Tous sont spectaculaires et hautement sujets à caution : ils font état, non seulement de cadavres, mais aussi d'un extraterrestre vivant vu sur le site ! Randle et Schmitt ont été vivement critiqués, Pflock leur reprochant de se prêter au journalisme à sensation, sans prendre la peine de trier leurs informations. Ce à quoi Randle rétorque qu'il n'a aucune raison de douter a priori de la bonne foi de ces nouveaux témoins, souvent indirects, même s'il n'est pas particulièrement enthousiaste suite à leurs révélations [18]. Qui sont ces nouveaux témoins ?

Frankie Rowe, la fille de Dan Dwyer, à l'époque pompier à Roswell, se souvient que l'un des camions avait répondu à un appel le matin du 5 juillet, et que son père faisait partie de l'équipe. Il leur aurait dit plus tard qu'il avait vu une sorte d'engin volant écrasé, non identifié. Les militaires étaient déjà arrivés, ainsi que des officiers de police de Roswell. N'est-ce pas trop de monde pour une opération ultra-secrète ? a-t-on fait remarquer. C'est oublier que la réalité dépasse souvent la fiction. Malheureusement, le témoignage de Frankie Rowe manque de clarté : on ne comprend pas bien si l'engin était encore là ou s'il avait déjà été évacué quand les pompiers sont arrivés. En revanche, Frankie affirme que son père a vu trois petits extraterrestres, dont un vivant... Il fut d'ailleurs emmené juste à ce moment dans une ambulance, et les deux autres, enveloppés dans des sacs, furent emportés dans un autre véhicule. On ne peut ici que souligner les divergences existant entre ce témoignage et les autres. Outre le nombre de cadavres, Frankie Rowe est la seule à parler de pompiers et de policiers sur le site. Kaufmann insistait, lui, sur le fait que l'accès au site était sévèrement contrôlé. Mais peut-être ce contrôle a-t-il été mis en place un peu plus tard.

Le moins que l'on puisse dire, même si l'on accorde un certain crédit à cette partie de l'affaire, étayée du reste par d'assez nombreux témoignages, c'est que le scénario exact reste flou. C'est souvent le lot de toute reconstitution, qu'elle soit historique, policière... ou ufologique. Un aspect intéressant du récit de Frankie Rowe est cependant confirmé par sa sœur Helen Cahill. Leur famille aurait eu droit à la visite des militaires qui auraient menacé parents et enfants, leur intimant de se taire [19].

Dans *Roswell UFO Crash Update*, Randle répond aux critiques formulées par Karl Pflock sur ce témoignage.

Celui-ci reproche notamment à Frankie Rowe et Helen Cahill de ne pas avoir signé de déclaration sous serment. Rowe et Cahill ont bien signé un *affidavit,* répond Randle, mais il est vrai que Frankie Rowe a refusé de signer celui qu'avait préparé Fred Whiting, du FUFOR (Fund For UFO Research), car il ne lui plaisait pas, en dépit des pressions exercées par Pflock et autres pour qu'elle le signe [20] !

Karl Pflock a aussi avancé que les pompiers n'intervenaient jamais à une telle distance de Roswell. Inexact, répond Randle : ils se rendent parfois, aujourd'hui encore, à plus de cinquante kilomètres vers le nord ou l'ouest car personne d'autre ne peut le faire. La partie est, où coule la Pecos River, est plus habitée. Je peux confirmer, pour les avoir traversées, que les zones nord et ouest sont en effet très peu peuplées. D'autre part, tous ceux qui, comme moi, ont visionné le témoignage de Frankie Rowe, ont dû être impressionnés par son émotion, au fil du récit. Sans doute sincère, il reste à déterminer son degré d'exactitude.

Deux autres témoins ont fait état d'un survivant. Un peintre en bâtiment, Roy Musser, travaillant ce week-end-là à repeindre les murs de l'hôpital militaire, dit avoir vu une « créature » entrer par ses propres moyens dans l'hôpital ! Cet être avait l'air d'un enfant et il était très mince. Les militaires les auraient menacés, lui et sa famille, si jamais ils parlaient.

Joseph Montoya, gouverneur-adjoint du Nouveau-Mexique, s'était, lui, confié à son ami Ruben Anaya, à l'époque cuisinier au mess des officiers de Roswell. Ce témoignage paraît moins crédible que les autres. Anaya raconte avoir été appelé chez lui, un soir, pour aller chercher Montoya à la base. Il trouva ce dernier, très pâle, qui lui demanda de l'emmener rapidement. Une fois revenu, il révéla avoir vu dans un hangar, avec d'autres témoins, quatre « petits hommes », au corps mince, pourvus d'une grosse tête. Les morts étaient étalés sur des tables, et il a entendu les gémissements d'un survivant. Une contradiction apparaît tout de suite : le survivant était-il donc blessé ? Se lamentait-il ? Avait-il alors perdu cette sérénité qui avait impressionné Kaufmann ? Des médecins se pressaient autour des tables, et Montoya n'a pas vu grand-chose, si ce n'est qu'ils n'avaient pas de cheveux, que leur peau était blanche, et qu'ils portaient un vêtement d'une seule pièce, comme un costume de plongée. Leurs mains avaient quatre longs doigts ! Peu de temps après, les créatures ont été transférées à l'hôpital. Ce point n'est pas conforme au témoignage de l'infirmière, selon laquelle une autopsie préliminaire a été effectuée à l'hôpital (un lieu plus approprié, semble-t-il), puis interrompue à cause de l'odeur insupportable (que Montoya ne mentionne pas), les cadavres étant alors transférés dans un hangar. Que d'allées et venues pour des cadavres ultra-secrets !

Plus que jamais, on le voit, la plus grande prudence est requise dans un tel dossier, où le risque de faux témoignages et de désinformation est constant.

7

# Enquête du Congrès et réplique militaire

1994 et 1995 sont deux années fertiles en événements ; l'affaire est relancée. En janvier 1994, le service d'enquêtes du Congrès américain, le General Accounting Office (G.A.O.), ouvre une enquête sur l'affaire Roswell à la demande du député Steven H. Schiff. Jusque-là restée muette suite aux attaques des ufologues de tous bords, l'armée de l'air se lance alors avec zèle dans une vaste enquête.

Entre-temps, Kevin Randle et Donald Schmitt publient leur second livre, en avril. Le rapport concurrent de Karl Pflock, qui se fonde sur la thèse des ballons ultra-secrets du « Projet Mogul », le suit de peu. Début juillet, l'armée de l'air, devançant le G.A.O., le service d'enquête du Congrès, annonce la publication de son rapport. En fait, bien que daté de juillet, il ne sera publié que début septembre : peut-être l'annonce en était-elle un peu prématurée ? Le rapport militaire reprend la thèse de Pflock (en le remerciant), mais en changeant le numéro et la date du vol des ballons. La presse généraliste, dans sa quasi-unanimité, approuve le rapport de la prestigieuse U.S. Air Force. Cette manœuvre habile contraint le G.A.O. au silence afin de ne pas sembler prendre parti pour la thèse de l'ovni. Mais la commission poursuit son enquête, alors qu'une vive controverse oppose les « pro-Mogul » et les « anti-Mogul » dans la presse spécialisée.

On apprend que le G.A.O., irrité d'avoir été doublé par l'armée, a l'intention de mettre en doute les affirmations militaires, sans aller toutefois jusqu'à endosser l'hypothèse de l'ovni. Cependant, la publication de son rapport, d'abord prévue pour la fin de l'année, est reportée de mois en mois, sans que l'on en sache la raison. Finalement, le rapport du G.A.O. est publié le 28 juillet 1995, dans une discrétion remarquable. Il constate sèchement que les administrations américaines déclarent ne rien savoir sur Roswell, mais révèle aussi la destruction d'archives importantes concernant l'affaire, et considère que le débat sur Roswell « continue » ! Il ne s'aligne donc aucunement sur la thèse de l'armée de l'air, contrairement à ce qu'une partie de la presse a alors annoncé.

Pendant ce temps, l'attention des médias s'est tournée vers un événement inattendu. Un film montrant l'autopsie de plusieurs cadavres d'extraterrestres, trouvés à Roswell en 1947, a été acheté par un producteur anglais à un vieux cameraman américain. Ce document très controversé est projeté en août 1995 lors d'un congrès en Angleterre, organisé par le principal organisme d'enquêtes ufologiques, le BUFORA (British UFO Research Association). Il est aussitôt diffusé par les télévisions du monde entier et commercialisé sous la forme de vidéocassettes, en France par TF1.

### *Le Projet Mogul*

Nous l'avons vu, deux rapports, l'un civil (de Karl Pflock), l'autre de l'armée de l'air, ont mis en avant, pour expliquer l'incident du 8 juillet 1947, non plus un vulgaire ballon-météo pourvu d'une cible-radar, mais une grappe, ou plutôt un train de ballons accrochés en file indienne, cependant du même modèle que les ballons-météo, juste un peu plus grands. Un train de ballons revêt une forme peu banale : les aviateurs d'élite de Roswell auraient-ils été troublés au point de le confondre avec une soucoupe volante ? D'autant, a souligné le professeur Charles Moore (physicien responsable de ces lâchers de ballons), qu'on y avait accroché des cibles-radar d'un nouveau modèle, par conséquent peu connu, comportant des panneaux triangulaires ressemblant à des cerfs-volants.

L'opinion de Karl Pflock, celle du rapport militaire et celle du professeur Charles Moore ne sont pas identiques. Karl Pflock, dans son rapport *Roswell in Perspective* [1], soutient qu'on a voulu cacher à la presse l'existence d'un projet ultra-secret en montant de toutes pièces l'histoire du ballon-météo. Le rapport militaire *(Report of Air Force Research Regarding the « Roswell Incident »)* indique que ce fut sans doute le cas, mais qu'il n'en demeure aucune preuve : peut-être le général Ramey a peut-être vraiment cru qu'il s'agissait d'un ballon-météo doté d'une cible-radar, comme l'a déclaré l'adjudant Newton [2]. Mais, pour le professeur Charles Moore, l'armée n'a certainement pas menti, puisqu'il n'était aucunement question de projet ultra-secret de lâchers de ballons dont il était responsable. On ne leur demandait même pas de les récupérer [3] ! Alors, où est la vérité ?

Karl Pflock affirme que l'armée de l'air a bien travesti la vérité, le 8 juillet 1947, dans le bureau du général Ramey. Les débris présentés étaient bien ceux d'un ballon et d'une cible-radar, mais non d'un simple ballon-météo, comme on l'a prétendu. Ils provenaient d'un train de ballons testé dans le cadre d'un projet ultra-secret, le « Projet Mogul », qu'il fallait absolument protéger. Pourquoi ? Parce qu'il s'agissait d'un système expérimental dont le but était de détecter, à l'aide d'appareils acoustiques, les futures explosions atomiques soviétiques : il importait que les Russes ne se doutent en aucune façon de cette surveillance !

Charles Moore et ses collègues travaillaient sur un projet de la New York University, suite à une commande de l'armée aux Watson Laboratories. Le projet consistait à mettre au point un système de ballons capables de maintenir quelque temps des appareillages de mesure à une altitude élevée et constante ; un objectif difficile à atteindre. En fait, ces trains de ballons retombaient assez rapidement, au bout de quelques heures.

Classé top secret, nous dit Karl Pflock, le Projet Mogul était d'une telle importance qu'on lui avait conféré une priorité « Triple A », seulement attribuée jusque-là au « Projet Manhattan », celui de la bombe atomique. Même son nom de code était secret, ce qui explique que Moore l'ignorait. L'idée en avait été suggérée en 1945 par le géophysicien William Ewing au général Spaatz, chef de l'armée de l'air. Il s'agissait d'utiliser un phénomène de « conduction acoustique » dont on supposait l'existence entre la troposphère et la stratosphère, entre 10 000 et 15 000 m. Ce projet fut confié par Spaatz aux Watson Laboratories, sous les auspices de l'Air Material Command, que nous connaissons déjà. Il prit tournure en 1947, sous la direction, côté militaire, du colonel Duffy et du capitaine Trakowski, ainsi que du Dr Peoples des Watson Laboratories pour la mise au point des sondes acoustiques. La réalisation des trains de ballons fut confiée au Dr Spilhaus de la New York University, qui conçut le projet et chargea Charles Moore de le mettre en œuvre.

Il existe un point sur lequel les partisans du train de ballons s'accordent tous : l'idée que cet assemblage spécial ait dû paraître suffisamment bizarre pour que les aviateurs de Roswell (une unité d'élite, rappelons-le) s'imaginent avoir mis la main sur l'un de ces étranges « disques volants » qu'on voyait partout, depuis quinze jours, dans l'ouest des États-Unis. Pauvre major Marcel, pauvre colonel Blanchard ! Et pauvre capitaine Cavitt (l'officier de contre-espionnage qui avait occupé sa journée à ramasser les débris avec Marcel), qui avait tout de suite identifié un ballon, mais avait oublié de prévenir ses supérieurs !

D'autre part, dans son étude Karl Pflock admet qu'il y avait aussi d'étranges débris d'origine inconnue, peut-être extraterrestre ; un détail qu'il a oublié par la suite. Et les corps ? Curieusement, Pflock admet le bien-fondé du témoignage de Glenn Dennis, quant à la présence d'étranges cadavres, mais il estime qu'ils étaient sans rapport avec les débris : leur présence à ce moment était pure coïncidence ! Pflock laisse entendre qu'ils provenaient d'expériences si secrètes (et si peu avouables) qu'on en est encore réduit à des conjectures aujourd'hui... Il m'a confié, à Seattle, en juillet 1995, qu'il avait à l'esprit au moins deux ou trois projets susceptibles d'expliquer la présence de ces cadavres anormaux, sans toutefois s'étendre sur le sujet. Il est vrai que, ancien agent de la C.I.A., Pflock a pu être mis au courant de certains secrets. La thèse de Karl Pflock est donc assez subtile, dans sa forme initiale, mais elle s'est ensuite simplifiée en éliminant complètement l'hypothèse extraterrestre.

Comment savons-nous, argumente Pflock, qu'il s'agissait bien d'un train de ballons Mogul ? D'abord parce que c'était probable, étant donné le lieu des lancements (White Sands, et plus exactement la base aérienne d'Alamogordo, aujourd'hui baptisée Holloman A.F.B.) et la direction des vents dominants. D'autre part, affirme-t-il, d'accord en cela avec le rapport militaire, parce que les témoins ayant vu les débris ont bien décrit ces ballons. Mais l'un d'eux a-t-il pu, effectivement, tomber sur le ranch de Brazel ?

### *Quel train de ballons ?*

Une première série d'essais fut réalisée fin mai et début juin 1947 à Alamogordo, mais on ne disposait encore que de ballons en Néoprène, caoutchouc synthétique qui présentait l'inconvénient de se déformer en vol, rendant difficile leur maintien à une altitude constante. En outre, ils n'étaient pas assez grands et, même en utilisant le plus grand modèle disponible, il fallait en assembler jusqu'à vingt ou trente, sur une hauteur de plus de 200 m. On avait bien prévu d'utiliser des ballons en polyéthylène – matériau aujourd'hui très banal, mais tout nouveau à l'époque –, plus grands et plus solides, mais ils ne furent disponibles qu'au début de juillet, pour une nouvelle série d'essais.

En principe, chaque lâcher de ballons portait un numéro et sa trajectoire était suivie. En réalité, plusieurs vols d'essai ne furent pas suivis, et d'autres ne furent même pas numérotés, si bien qu'il y eut, durant ces deux mois, un nombre assez important de trains de ballons, petits ou grands, se promenant dans le ciel du Nouveau-Mexique et retombant un peu partout, sans que l'équipe de lancement sache toujours s'ils avaient été récupérés. Lequel de ces vols aurait-il pu être responsable d'une méprise à Roswell ?

Le physicien Charles Moore raconte avoir appris par la presse l'annonce de la découverte de Roswell alors que son équipe et lui-même avaient pris l'avion pour rentrer sur la côte Est, ayant achevé leur deuxième série d'essais. Lui et son équipe pensèrent alors que les gens avaient dû être intrigués par les nouveaux ballons en polyéthylène, les modèles en Néoprène étant d'une grande banalité. Ce n'est qu'en 1992 que Moore a changé d'avis, lorsqu'il a pris connaissance du témoignage du fermier Brazel, tel que rapporté dans la presse le 9 juillet 1947 ; un témoignage « officiel », faut-il le rappeler [4]. La description des débris l'a alors conduit à penser qu'il s'agissait de ballons en Néoprène. À ce sujet, comment ne pas être surpris que Karl Pflock ait supposé qu'il s'agissait d'un train de ballons en polyéthylène, dans son étude publiée deux ans plus tard ? Il aurait dû mieux se renseigner auprès du professeur Moore !

Le premier vol de ballons en polyéthylène, lancé le 3 juillet 1947, portait le numéro 8. Tous les vols de la première campagne, début juin, furent entrepris avec des ballons en Néoprène, y compris le premier de la deuxième campagne, le numéro 7, lancé le 2 juillet. Karl Pflock, dans son rapport *Roswell in Perspective,* retient le numéro 9, qui présente l'inconvénient (ou l'avantage ?) de ne pas avoir été suivi : on ne savait pas du tout où il était tombé. Le suivi des trajectoires des vols 8 et 10 a quant à lui été retrouvé dans les archives : ces vols avaient filé vers le nord, dans la vallée du Rio Grande. Kevin Randle a pu retrouver des archives météorologiques de l'époque permettant de conclure que la direction des vents était restée stable, et que par conséquent le vol numéro 8 avait dû suivre le même chemin.

A-t-on seulement récupéré des ballons en Néoprène dans la région de Roswell ? Oui, au moins un, le numéro 5, lancé le 5 juin, dont le professeur Moore m'a communiqué la trajectoire, relevée avec précision : elle se termine au bout de quelques heures de vol un peu à l'ouest de Roswell. D'autres, sans doute, ont pu prendre plus ou moins la même direction et, pourquoi pas, atterrir sur le ranch de Brazel. Après élimination de plusieurs vols dont les trajectoires, suivies, ne correspondent pas, l'armée de l'air a retenu comme hypothèse probable un vol non suivi (encore un), le numéro 4, dont on connaît seulement la date de lancement, le 4 juin, si l'on en croit le journal d'un des collaborateurs du Dr Moore, Crary, retrouvé par sa veuve. C'était un vol très ordinaire, selon Moore [5], mais qui comportait sans doute des cibles-radar avec des panneaux triangulaires, un modèle nouveau à l'époque. Mais examinons maintenant de plus près à quoi ces ballons ressemblaient, et surtout les débris susceptibles d'être récupérés.

Une particularité des ballons en Néoprène, non sans importance dans le cadre de l'affaire, est que ce caoutchouc synthétique, couleur ivoire au lancement, vire au brun en quelques heures, et noircit après quelques jours d'exposition au soleil. Après deux ou trois semaines dans la nature, le Néoprène finit par s'effriter

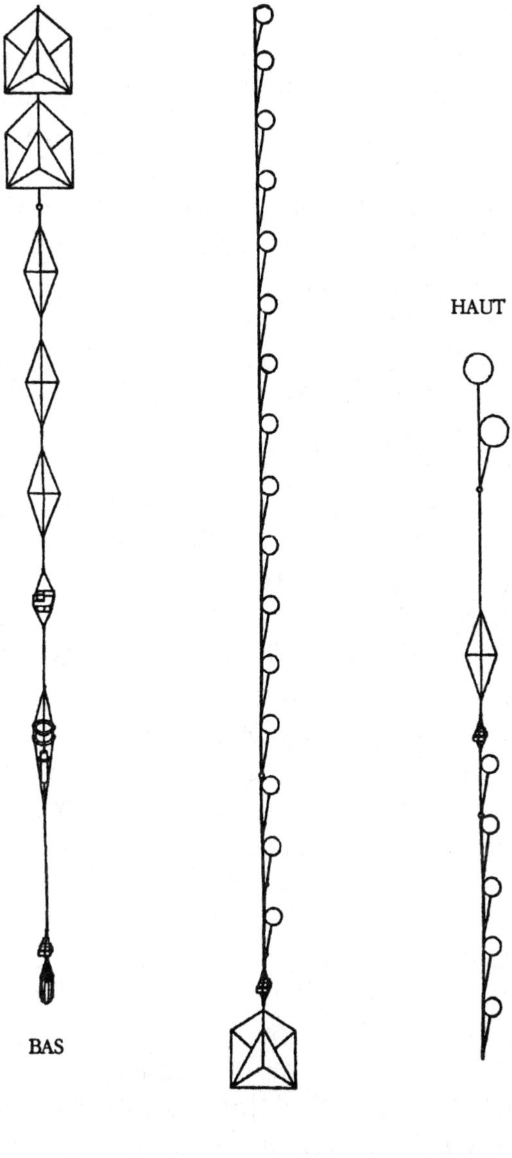


Le train de ballons du Projet Mogul, représenté ici en trois sections, de la base (à gauche) au sommet (à droite). Au tiers de la hauteur environ, on identifie aisément les trois cibles-radar en forme de cerfs-volants.

en morceaux noirâtres. De plus, comme l'a expliqué le Dr Charles Moore, on avait l'habitude, pour améliorer les performances de ces ballons, de les tremper dans de l'eau très chaude, ce qui avait pour conséquence indirecte d'accélérer leur dégradation, celle-ci s'accompagnant d'une âcre odeur de brûlé – odeur déjà remarquée par Irving Newton et Bond Johnson dans le bureau du général Ramey, où les débris avaient été étalés [6].

Ces assemblages de ballons comportaient des cibles-radar, d'un modèle encore peu utilisé (ML-307 B/AP), pourvues de trois panneaux triangulaires de 50 pouces (1,27 m) de côté, faits de papier couvert d'une couche d'aluminium réfléchissante, monté sur des baguettes de balsa. Certains trains de ballons avaient emporté jusqu'à trois cibles-radar de ce nouveau modèle (voir schéma page 183).

Ces cibles étaient-elles bizarres au point de faire perdre la tête aux aviateurs de Roswell, ce corps d'élite chargé des bombardiers atomiques ? En vérité, elles ressemblaient davantage à des cerfs-volants qu'à n'importe quel engin aéronautique... même extraterrestre ! Elles étaient si fragiles qu'on avait dû demander au fabricant de les renforcer avec du papier collant. Le paradoxe est que ce modeste papier collant revêt aujourd'hui une importance considérable aux yeux des enquêteurs de l'armée de l'air, de Karl Pflock et du professeur Moore. Voici pourquoi.

Le fournisseur de ces cibles était un fabricant de jouets, qui s'était servi d'un stock de ruban décoré avec des symboles floraux stylisés, assez curieux, de couleur rose-violet. Était-ce cela, tout simplement, qu'avaient vu le commandant Marcel et son fils ? Charles Moore a dessiné ces symboles de mémoire, tout comme

Marcel Jr avait dessiné les siens. Ces deux modèles, reproduits pages suivantes pour comparaison, soulèvent un point particulièrement épineux. Les dessins sont incontestablement différents, et surtout, les dimensions et l'emplacement ne sont pas les mêmes. Sur le schéma de Charles Moore, qu'il m'a personnellement communiqué, la bande adhésive décorée est beaucoup plus large que la baguette de balsa, elle-même large de 8 mm. Au total, elle doit mesurer près de 3 cm de hauteur, avec des symboles de près de 2 cm, alors que Marcel a décrit de petits symboles imprimés le long de poutrelles métalliques de 1 cm de hauteur, les symboles étant hauts d'environ 5 à 6 mm, et comme embossés dans le métal. Il faut cependant reconnaître que le rapprochement est assez troublant ; suffisamment, semble-t-il, pour que le Dr Marcel, questionné par un enquêteur militaire, le lieutenant McAndrew, en soit apparemment venu à hésiter.

C'est du moins ce qu'il a indiqué dans une lettre à Karl Pflock, en date du 28 janvier 1995, que ce dernier m'a communiquée. Le Dr Marcel y fait cependant observer, avec une remarquable courtoisie, qu'il subsiste des divergences entre les deux descriptions. L'une des principales, selon lui, est qu'il n'avait rien vu qui fût fait de balsa, et que les poutrelles qu'il avait examinées étaient métalliques : « J'ai construit beaucoup de modèles d'avion et je ne pense pas que j'aurais pu confondre du balsa avec une substance métallique. » Quant aux symboles, il admet qu'ils étaient d'une couleur comparable, mais les siens étaient inscrits dans la limite de la surface des poutrelles et ne débordaient pas, comme sur le schéma du Dr Moore. Autre différence signalée par Marcel dans sa lettre : la cible-radar était *en papier* couvert d'une couche d'aluminium, alors

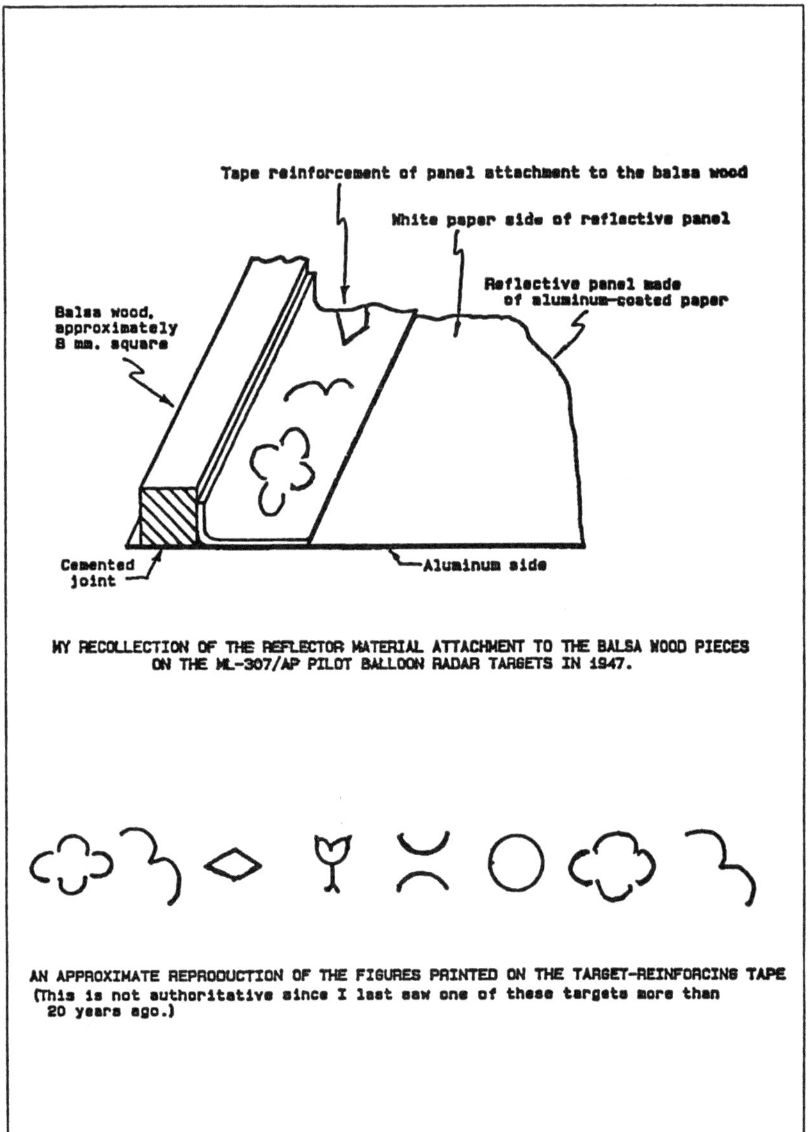


Croquis de Charles Moore, chargé du Projet Mogul, représentant les symboles dessinés sur le ruban ayant servi à renforcer le cibles-radar.

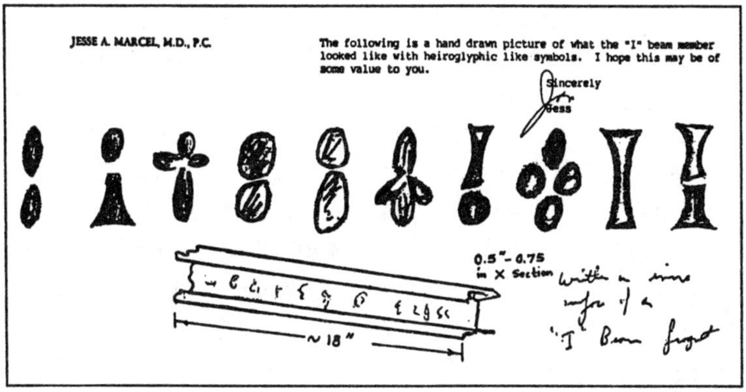


Croquis de Jesse Marcel Jr représentant les symboles figurant sur les « poutrelles » retrouvées sur le champ de débris de Roswell, en 1947.

que le matériau qu'il a observé ne présentait pas de couche de papier. Prudemment, Marcel termine sa lettre en admettant une « ressemblance superficielle » entre ces dessins : peut-être y a-t-il eu confusion, mais il l'ignore. Remarquable prudence scientifique, ou excès de courtoisie ? Pourtant, dans un entretien vidéo (qui figure dans la cassette réalisée par TF1), le Dr Marcel affirme que les débris rapportés par son père étaient différents de ceux qui furent montrés à Fort Worth, dans le bureau du général Ramey. Il m'a aussi confirmé par lettre que son père et lui étaient d'accord sur la description des poutrelles et des symboles.

De ce qui précède, nous pouvons déjà tirer plusieurs conclusions. Sur les photos prises dans le bureau du général Ramey, on distingue assez nettement, d'une part les restes disloqués d'un panneau triangulaire de feuille d'aluminium, qui provient à l'évidence d'une cible-radar du nouveau modèle ML-307B/AP, utilisé selon Charles Moore pour les trains de ballons « Mogul » ; d'autre part, des débris noirâtres (aux pieds du général Ramey), très probablement des restes d'enveloppe de ballon en Néoprène, noircie après une exposition d'au moins quinze jours au soleil. Deux témoins ont même mentionné l'odeur âcre de ce caoutchouc décomposé. Ces débris sont d'aspect lamentable, comme l'a rappelé le colonel DuBose. La description des vols nous indique d'autre part que non seulement un train de ballons (le numéro 5) est tombé très près de Roswell, mais que d'autres ont pu tomber dans la région. Il en découle que les aviateurs de Roswell ont très bien pu ramasser à l'époque un ou même plusieurs trains de ballons, qui furent conservés quelque temps à la base, peut-être par le service météo. Voilà donc une origine très possible des débris dépêchés à Fort Worth par avion le 8 juillet (pour répondre à une interrogation de Philip Klass). Reste à savoir si certains témoins ont pu tenir en main les débris de ces ballons – ce qui est fort possible –, et si cette hypothèse infirme l'existence des débris d'un engin non terrestre, décrits par Jesse Marcel et plusieurs autres témoins.

Mentionnons pour mémoire les témoignages déjà évoqués de Brazel (sous escorte militaire), du journaliste Jason Kellahin (probablement victime d'une mise en scène) et de l'officier de renseignements Cavitt, qui ignorait tout de Roswell avant de se souvenir soudain, en 1994, qu'il était bien présent sur le site et avait immédiatement reconnu un ballon. Laissons aussi de côté Irving Newton, qui a modifié son témoignage par rapport à ses premières déclarations (concernant le comportement de Marcel).

Le rapport militaire, comme Karl Pflock, s'appuie sur le récent témoignage écrit de la fille de Brazel, Bessie

Schreiber (voir page 42). Nous avons déjà montré que son récit diffère très sensiblement de celui des autres témoins (et de l'article du *Roswell Daily Record* du 9 juillet 1947 !), quant aux personnes présentes sur place et quant aux dates. Kevin Randle a expliqué, en réponse aux attaques de Pflock l'accusant de ne pas avoir fait état de ce témoignage, qu'il a préféré le passer sous silence pour la raison susmentionnée, et par courtoisie pour Bessie qui, dit-il, est une personne sympathique... Il reste une précision à apporter sur le cas de Bessie Schreiber : c'est Karl Pflock lui-même, avocat de la thèse des ballons Mogul, qui a rédigé son *affidavit*[7] ! Une hypothèse, en ce qui la concerne : elle pourrait se souvenir de vrais débris de ballons, mais retrouvés à une autre date.

Reste le cas d'un autre témoin mis en avant par Pflock, sous le curieux nom d'emprunt de *Reluctant* (« Réticent »). Sans dévoiler son nom, Randle a cité un témoignage précédent du même individu, publié dans le livre de William Moore. Il est donc facile de l'identifier : il s'agit de Walter Whitmore Jr, le fils du directeur de la radio K.G.F.L. Mais le point intéressant est le suivant : son témoignage a varié. Dans le livre de Moore, il signalait la très grande résistance des débris apportés par Brazel, alors que ce « détail » a désormais disparu[8] ! En revanche, sa description correspond bien, à présent, à des débris de ballons avec cible-radar. Peut-être Whitmore, tout comme Bessie, a-t-il eu le souvenir de ce genre de débris, assez courants dans la région. Cela dit, il subsiste encore une possibilité à ne pas éliminer, celle d'un crash impliquant une collision entre un ovni et un train de ballon à la dérive, qui aurait pu attirer la foudre et déstabiliser l'ovni. On aurait alors retrouvé les deux sortes de débris mêlés sur le terrain ! Cela pourrait expliquer, enfin, la confusion de certains témoins.

Un autre aspect de l'affaire Roswell contredit l'hypothèse des ballons. Le commandant Marcel a souligné dans ses déclarations que la configuration du champ de débris supposait qu'une violente explosion se soit produite au-dessus du terrain. En effet, ces débris extrêmement solides étaient éparpillés sur une vaste surface. J'ai fait observer ce « détail » à Karl Pflock, qui a fini par admettre, avec réticence, qu'une explosion avait en effet pu se produire. Or, tous ces ballons étaient gonflés à l'hélium, un gaz inerte qui ne peut donc exploser.

J'ai posé la même question au professeur Charles Moore. Celui-ci m'a répondu en me proposant un scénario complexe. Soulignons qu'il parle ici d'« éclatements » *(« bursts »)* de ballons et non d'explosions. Voici le contenu de la lettre qu'il m'a adressée, en date du 12 août 1995 : « En réponse à votre question concernant une explosion, hypothèse émise par le commandant Marcel, je pense que, après que quelques-uns des ballons ont éclaté, le reste est retombé sur terre, et les appareillages du bas [du train de ballons] ont touché le sol. Les vents ont poussé les ballons les plus élevés, de telle sorte que les appareillages ont été traînés à travers les buissons. Dans le cas où ils se sont accrochés à l'un de ces buissons, ils ont alors pu être arrachés par la force du vent, à la suite de quoi les ballons encore gonflés ont été libérés de cette charge et se sont élevés, jusqu'à ce que d'autres ballons éclatent et que le train de ballons retombe au sol de nouveau. Les cibles étant placées vers le bas du train, je pense qu'elles ont pu être disloquées et éparpillées sur le terrain, après que que les appareillages du bas du train ont été largués, restant accrochés aux branches des buissons. Nos vols ne transportaient aucun explosif, aussi je doute qu'une explosion ait pu se produire. Il n'existe absolument aucune preuve à l'appui de l'idée absurde qu'un appareil spatial ou aéronautique soit entré en collision avec un train de ballons N.Y.U. [New York University], lequel est probablement à l'origine des débris trouvés dans le ranch Foster [le ranch de Brazel]. »

Le scénario reconstitué par Charles Moore montre bien comment un train de ballons a pu se trouver disloqué, surtout lors d'une tempête, mais n'explique toujours pas la nature des débris hors du commun trouvés par le commandant Marcel et d'autres témoins. Pour bien comprendre la position du professeur Charles Moore, il faut ajouter que, pour lui, c'est le fermier qui a induit en erreur le commandant Marcel, et que tout en découle, comme il me l'écrit dans sa lettre du 12 août : « L'idée que les débris pouvaient provenir d'une "soucoupe volante" a été fournie au major Marcel par le *rancher*, qui avait entendu parler d'une récompense de 3 000 dollars pour la découverte d'une "soucoupe volante" peu de temps après qu'il avait découvert des débris insolites. Le major Marcel s'est emballé et a essayé de convaincre l'officier météo de Fort Worth, lequel avait identifié le premier les débris comme étant ceux d'un simple équipement météo, qu'ils provenaient en fait d'une soucoupe volante. »

Voilà donc à présent le commandant Marcel « accusé » de s'être laissé induire en erreur par un éleveur de moutons appâté par une récompense, et d'avoir à son tour induit en erreur son colonel ! Scénario hautement comique ! Désolé, professeur Moore, mais je ne crois pas à votre version. Pourtant, même en l'écartant, bien des questions restent sans réponse. L'une d'elles concerne l'existence même du communiqué de presse de Roswell.

Une précision préliminaire : Charles Moore fait allusion à l'idée, qu'il écarte, de l'existence simultanée d'autres engins volants. Voilà au moins un point sur lequel tout le monde est d'accord. Randle et Schmitt, puis le rapport militaire, après examen, ont écarté diverses hypothèses, telles que fusées V-2 ou autres avions secrets (selon Randle, Pflock avait parlé d'une aile volante Northrop N-9M, mais son ami Friedman affirme qu'il n'en est rien) ou même ballons japonais. Beaucoup de ballons porteurs de bombe avaient été lancés pendant la guerre. L'ufologue John Keel, versé dans les phénomènes ésotériques, et en conséquence hostile (comme Jacques Vallée) à l'hypothèse extraterrestre, a soutenu que c'est l'un de ces ballons qui est tombé à Roswell. Il paraît inutile de développer davantage toutes ces hypothèses désormais tenues pour marginales.

### *Le mystère du communiqué de presse de Roswell*

Il semble que, le 8 juillet 1947, le colonel Blanchard ait fait preuve d'une inexplicable précipitation, surtout à quelques heures de son départ en congé ! Une enquête minutieuse aurait dû être ordonnée, les meilleurs experts envoyés sur place, et des analyses effectuées. Enfin, il eût été préférable que la découverte soit annoncée par les plus hautes autorités, à moins que l'on ait préféré, pour toutes sortes de raisons, garder le secret.

Pourquoi alors cet extraordinaire premier communiqué, démenti le soir même ? Nombreux sont ceux qui pensent que, décidé en haut lieu, il faisait partie intégrante d'une mise en scène, d'un *cover-up*. Cette opinion est celle de Walter Haut, l'homme qui a diffusé le communiqué à la presse, et de Frank Kaufmann. Karl Pflock a contesté cette hypothèse dans une lettre au *Mufon UFO Journal*, écartant d'office les allégations de Kaufmann, et affirmant que Haut lui avait dit n'avoir aucune idée sur la question [9]. J'ai montré cette lettre à Walter Haut, qui ignorait son existence. Il l'a photocopiée sans commentaires, mais il m'a confirmé que le communiqué de presse faisait à son avis partie, d'une manière ou d'une autre, d'un scénario de *cover-up*. Mais de quel scénario pouvait-il s'agir ?

Une première explication a été proposée par plusieurs chercheurs, dont Kevin Randle et Donald Schmitt. Selon eux, les autorités de Washington auraient ordonné volontairement cette annonce de presse, dans l'intention délibérée de la démentir brutalement juste après, pour mieux la désamorcer. Il s'agissait avant tout de protéger la découverte principale (celle de l'ovni et des cadavres), qui avait eu lieu dans le plus grand secret quelques jours plus tôt. Or, voici qu'un fermier local arrive à Roswell, le dimanche suivant, tenant en main un échantillon des fameux restes. L'inspection du site par Marcel et Cavitt révèle un vaste champ de débris, qu'il faut boucler d'urgence, dès le mardi matin 8 juillet.

Ce scénario paraît trop machiavélique, et surtout trop dangereux. N'était-il pas plus simple, et beaucoup moins risqué, de désigner d'emblée un ballon, ou mieux encore de ne rien dire ? Je pense pour ma part que, dans la matinée du mardi, un certain affolement s'est emparé des militaires. Pour le comprendre, il faut encore disposer de deux informations peu connues. Dès le dimanche 6 juillet au soir, le journaliste radio

Frank Joyce a pris l'initiative d'évoquer le témoignage de Brazel, première version. Il n'en existe aucune preuve, mais c'est ce qu'il a affirmé à Kevin Randle [10]. D'autre part, il semble que le fils des voisins de Brazel, le jeune « Dee » Proctor, soit venu avec des amis se saisir de quelques débris, pendant l'absence de Brazel, le dimanche 6. Les militaires en ont été informés et ont réussi à récupérer ces débris, mais ils ont pu redouter que d'autres voisins soient venus en prendre, auquel cas le secret ne pouvait être maintenu longtemps. Il n'est pas absurde d'imaginer que, dans cette situation très incertaine, les responsables militaires aient décidé le mardi matin de « concéder » la découverte du champ de débris. Le communiqué a été rédigé de telle manière qu'il avait aussi pour objectif de décourager les curieux : l'armée avait récupéré un « disque volant », l'avait emporté, et il n'y avait plus rien à voir. Cependant, dès le début de l'après-midi, le site a été isolé. D'autre part, l'ampleur des réactions des médias à l'annonce du matin (un déluge d'appels vers Roswell) a pu inciter l'armée à faire brutalement machine arrière en présentant les débris de ballon à Fort Worth. Ainsi, dans ce scénario, le communiqué de presse est à la fois en partie vrai et en partie faux, et fait bien partie, d'une certaine façon, d'une mise en scène décidée en haut lieu. Cela expliquerait également que ni Blanchard ni Marcel n'ont vu leur carrière pâtir des événements, bien au contraire. Kevin Randle m'a écrit que cette hypothèse lui semble compatible avec tous les faits connus.

Dans cette ténébreuse affaire, un autre mystère subsiste : la lettre du général Nathan Twining, chef des services techniques de l'armée de l'air, l'Air Material Command (A.M.C.). En réponse à une demande du général George Schulgen, alors chef d'état-major adjoint de renseignements de l'armée de l'air, le général Twining a fait le point sur les ovnis dans une lettre du 23 septembre 1947, classée secrète. Cette lettre, intitulée « Opinion de l'A.M.C. concernant les "disques volants" », a été rendue publique en 1969, en annexe au fameux « Rapport Condon ». Bien que les conclusions de ce rapport soient négatives, on y a pourtant glissé ce document affirmant l'existence des « disques volants » et confirmant leurs extraordinaires performances ! Cependant, la lettre affirme aussi qu'aucun ovni accidenté n'a été récupéré, précision bien gênante pour les actuels partisans du crash de Roswell. Les sceptiques avisés n'ont pas manqué, bien entendu, de relever cette difficulté, mais on peut avancer des arguments susceptibles d'expliquer cette curieuse absence. Bornons-nous à souligner ici que la classification « secret » était bien trop faible pour une telle affaire. Dans tous les pays du monde, des milliers de gens, tous les officiers et de nombreux civils, sont habilités au secret, c'est-à-dire ont accès, dans l'exercice normal de leurs fonctions, à des documents classés « secret ». Cette lettre était peut-être destinée à faire circuler quelques informations dans le monde militaire, qui en avait bien besoin à un moment où s'achevait à peine la première grande vague d'observations de soucoupes volantes...

### *L'enquête du Congrès américain*

L'un des événements importants de 1995 a été la publication, le 28 juillet, d'un rapport d'enquête du Congrès américain sur l'affaire Roswell, enquête menée par le General Accounting Office (G.A.O.), sorte de Cour des comptes au service du pouvoir législatif américain.

Le Congrès a été amené à enquêter sur l'affaire Roswell à la demande d'un député du Nouveau-Mexique, Steven Schiff. Curieusement, la personne à l'origine de cette initiative est nul autre que Karl Pflock. Fred Whiting, du Fund For UFO Research, a raconté comment Karl Pflock, qu'il a jadis connu à Washington, où tous deux exerçaient des fonctions de communication dans le domaine politique, a un jour repris contact avec lui pour l'aider à promouvoir le dossier des ovnis dans le monde politique. Pflock était bien placé pour cela, ayant occupé des postes importants, notamment en tant que conseiller du ministre de la Défense du Président Reagan ; il avait d'ailleurs gardé de nombreux contacts à Washington. De plus, son épouse Mary Martinek était responsable du secrétariat du député Steven Schiff, à Albuquerque [11]. C'est ainsi que Pflock et Whiting ont réussi, en 1992, à intéresser Schiff au dossier Roswell.

En mars 1993, Schiff écrit au ministre de la Défense, Les Aspin, pour lui demander des éclaircissements sur le rôle de l'armée dans l'incident de Roswell. Le ministère le dirige vers les Archives nationales, où sont conservés les dossiers des enquêtes sur les ovnis que le Project Blue Book a menées dix-huit ans durant, jusqu'à la fin des années 60. Insatisfait, Schiff écrit une nouvelle fois à Aspin, en mai, pour réclamer un rapport *direct* du ministère de la Défense ; le même mois, les Archives nationales lui ont répondu qu'aucun document ne subsistait sur l'affaire Roswell, ni dans les papiers du Blue Book, ni dans aucun autre dossier de la Défense. Furieux de se heurter à un tel mur, Schiff demande alors au Congrès qu'une enquête soit menée, par l'entremise du G.A.O. Il est entendu, et l'enquête est lancée en janvier 1994. L'une de ses conséquences directes est que l'armée de l'air, interrogée par le G.A.O., est sortie de son mutisme pour produire son propre rapport en septembre, faisant état de recherches approfondies. Le rapport lui-même est court (vingt-trois pages), mais il est suivi de quelque huit cents pages d'annexes, uniquement accessibles en consultation à la bibliothèque du Pentagone !

On a su rapidement que le G.A.O., nullement impressionné par ce rapport et les échos favorables parus dans la presse, a continué à mener son enquête comme si de rien n'était. Le G.A.O. allait-il réussir là où les enquêteurs avaient échoué durant tant d'années ? Les espoirs de ces derniers se sont amenuisés, la publication du rapport du G.A.O. étant reportée de mois en mois, au cours du premier semestre 1995. Selon un article de Jack Anderson et Michael Binstein paru dans le *Washington Post* du 1er juin, les enquêteurs du G.A.O. étaient « tranquillement sceptiques » sur les réponses de l'armée. Ils ne croyaient pas non plus à l'hypothèse d'un ovni, mais avaient acquis la conviction que l'armée cachait quelque chose d'important : peut-être l'accident d'un bombardier porteur d'une bombe atomique.

Nous possédons désormais les vingt pages du rapport du G.A.O., remises au député Steven Schiff, qui a fait connaître son opinion aussitôt, dans un communiqué de presse daté du 28 juillet. Il y souligne que des archives de la base de Roswell, couvrant toute l'époque de l'« incident », ont été détruites depuis des décennies. Le G.A.O., explique-t-il, a montré que des documents importants sont manquants et ont été détruits, peut-être quarante ans auparavant ; il ajoute que les militaires ne sont pas en mesure d'expliquer qui les a détruits et pourquoi.

En fait, le rapport du G.A.O. apparaît, en première lecture, comme une simple recension des réponses négatives (avec copie des lettres) faites par les différentes administrations publiques interrogées. Ces réponses, émanant notamment de la C.I.A., du F.B.I., du National Security Council, indiquent, comme une litanie : « Non, nous ne savons rien à propos de l'incident de Roswell. » Cette non-information est en soi une information importante, car le G.A.O. a obligé ces administrations à sortir du silence et à lui répondre ; et si leurs réponses sont mensongères, elles ont en tout cas été officiellement enregistrées.

Dans le rapport, la question des documents manquants est évoquée brièvement : « Dans notre recherche de comptes rendus concernant le crash de Roswell, nous avons appris que certains documents gouvernementaux couvrant l'activité du R.A.A.F. [Roswell Army Air Field] ont été détruits, et d'autres pas. Par exemple, les documents administratifs du R.A.A.F. (de mars 1945 à décembre 1949) et les messages émis par le R.A.A.F. (d'octobre 1946 à octobre 1949) ont été détruits. Le formulaire faisant état de ces destructions n'indique pas quelle organisation ou quelle personne a détruit ces documents, ni à quelle date, ni sous quelle autorité ces documents ont été détruits [12]. » Le rapport du G.A.O. ajoute plus loin qu'apparemment il ne s'agit pas d'un cas unique : il existe d'autres destructions inexpliquées dans les archives. Selon l'archiviste en chef du Centre national des Archives du personnel, de nombreux documents relatifs à l'organisation de l'armée de l'air couvrant cette période ont été détruits sans qu'on puisse citer l'autorité gouvernementale responsable de ces destructions, ce que le G.A.O. a pu vérifier lui-même. Beaucoup de « trous » demeurent inexpliqués, donc, dans les archives officielles de l'armée de l'air de cette époque. Un constat auquel le G.A.O. s'est gardé d'apporter le moindre commentaire... Cet organisme observe seulement, dans sa lettre au député Schiff ouvrant ce rapport, que « le débat sur ce qui s'est écrasé à Roswell continue ». En fait, dans ce rapport, pas un mot n'évoque l'hypothèse d'un ovni, ni pour l'approuver ni pour l'éliminer.

Il me paraît très important de souligner que la formule brève et claire utilisée par le G.A.O. – « le débat continue » – est passée inaperçue dans une partie de la presse. En France, le quotidien *Libération* daté du 8 août a présenté la nouvelle dans un article intitulé « L'armée U.S. dégonfle ses ovnis. Une commission du Congrès met un coup d'arrêt à une vieille rumeur. » Par lettre, j'ai signalé cette erreur d'interprétation dès le lendemain ; hélas, ce même quotidien l'a encore grossie dans un article du 31 août, où l'on pouvait lire : « La commission d'enquête du Congrès admet la version de l'armée de 1994, mais constate que des documents sur l'affaire ont disparu des archives. » L'hebdomadaire *Télérama* du 9 août a résumé le tout à sa manière : « L'affaire prend une telle ampleur qu'en 1994 le Congrès en est saisi. Ses conclusions, fin juillet 1995, sont sans surprise : pas d'E.T. sur Terre. » Quant à *L'Événement du Jeudi* du 24 août, il confond purement et simplement le rapport militaire et le rapport du G.A.O. : « Le 28 juillet 1995, le rapport tombe. Oui, l'armée a menti, mais il s'agissait en réalité de cacher la présence d'un ballon top secret », etc.

Si ce rapport tant attendu a été publié en plein été avec une remarquable discrétion, une autre affaire, en revanche, commençait alors à faire grand bruit, celle d'un film prétendant montrer l'autopsie d'un cadavre d'extraterrestre trouvé à Roswell...

### *Le film du cadavre de Roswell*

A-t-on découvert un film montrant l'autopsie d'un cadavre d'extraterrestre, l'un de ceux que l'armée américaine aurait récupérés en grand secret en 1947 à Roswell ? C'est du moins ce qu'affirme un producteur anglais, Ray Santilli, directeur du Merlin Group à Londres, qui dit l'avoir acheté à un cameraman de l'armée de l'air à la retraite, âgé de quatre-vingt-deux ans, dont il protège l'anonymat. Ce cameraman aurait révélé à Santilli avoir travaillé à l'époque pour l'armée, à Washington, et avoir été envoyé à Roswell début juin 1947, sur ordre du général MacMullen, chef adjoint de l'armée de l'air, afin de filmer le crash de Roswell.

Faisons tout de suite remarquer que tous les témoignages cités dans ce livre, sans exception, décrivent des événements ayant eu lieu début juillet 1947, si l'on excepte l'armée qui, s'appuyant sur le témoignage de Brazel sous escorte militaire, a situé le début de l'affaire à la mi-juin ! Le cameraman affirme avoir filmé au moins deux cents bobines de cent pieds en 16 mm (33 m, 3 mn de durée chacune). Le matériel étant ultra-secret, il lui incombait de tout développer lui-même dans son laboratoire à Washington, ce qu'il fit. Il avait gardé à part vingt-deux bobines (soit 66 mn de projection) réclamant un développement spécial, qu'il n'a traitées que plus tard. Or, un changement d'organisation est intervenu à la fin de l'été 1947 : l'Army Air Force est alors devenue une arme indépendante de l'US Air Force. Pour cette raison, poursuit le cameraman, lorsqu'il a voulu remettre ces bobines à son correspondant militaire, il n'a pu le retrouver, et elles ne lui ont plus jamais été réclamées ! Histoire bien peu crédible, à première vue, mais l'affaire en a connu d'autres. Enfin, c'est seulement récemment que l'homme aurait résolu de céder ce document, pour gagner la somme nécessaire au mariage de sa petite-fille... Ajoutons que l'identité de ce cameraman pourrait, selon certains enquêteurs américains, et selon l'équipe de TF1 en France, être dévoilée assez rapidement.

À partir de fin août 1995, ce film, dont les droits ont été vendus par Santilli, est mis en vente dans plusieurs pays d'Europe sous forme de vidéocassettes et diffusé par de grandes chaînes de télévision du monde entier : NHK, RAI, Channel 4, Fox TV aux États-Unis et TF1 en France, sans que l'on dispose d'aucune certitude quant à son authenticité. Cependant, des experts médicaux ne tardent pas à assurer qu'il s'agit d'un véritable cadavre, apparemment non humain, bien qu'anthropomorphe, donnant d'un seul coup beaucoup d'intérêt à cette affaire. D'autres experts affirment qu'il s'agit d'un être humain frappé de malformations congénitales, peut-être maquillé de surcroît pour le rendre plus étrange. Impossible de rester sur ces suppositions.

C'est un ufologue anglais, Philip Mantle, directeur des enquêtes de la British UFO Research Association (BUFORA), qui a donné la première information publique sur ce film. Dans la revue de cette association, et dans le *MUFON Journal*[13], il a rapporté avoir été contacté deux ans auparavant par Ray Santilli, directeur du Merlin Group, maison de production de vidéos et d'édition de cassettes musicales et de livres, pour discuter d'un projet de documentaire vidéo sur les ovnis. Ce projet n'a pas abouti, mais Santilli a fait mention à cette occasion des bobines de film sur Roswell (« *the Roswell footage* ») qu'il venait d'acquérir. En fait, c'était une longue négociation, qui a duré deux ans. Santilli était allé aux États-Unis faire une recherche documentaire sur Elvis Presley. Il avait retrouvé la trace d'un cameraman qui avait été l'un des premiers à filmer le « King » sur scène. Celui-ci lui avait effectivement vendu des bobines d'archives, puis l'avait rappelé le lendemain à son hôtel pour lui proposer également un vieux stock de bobines... sur le crash de Roswell ! Le cameraman, très méfiant, exigeait l'anonymat et le paiement en liquide, et c'est pourquoi il a fallu deux ans pour conclure l'affaire, à la fin de 1994.

Il y a déjà là un détail surprenant. À supposer que le film soit authentique, pourquoi ce cameraman a-t-il choisi un petit producteur anglais de vidéos sur des sujets musicaux, pour lui proposer ce film qu'il aurait pu vendre à prix d'or dans son pays ? Savait-il que Ray Santilli nourrissait un projet sur les ovnis ? Ou cherchait-il simplement à réaliser avec un étranger une transaction discrète réglée en liquide ? Mystère. Le bruit a cependant couru que Santilli aurait acheté le film pour 150 000 dollars, puis pour 100 000 dollars, mais Mantle dit qu'il ne connaît pas le montant de la transaction. Quant à Santilli, il refuse de répondre à la question.

Philip Mantle, après deux entretiens avec Santilli, s'est d'abord montré sceptique, comme les quelques correspondants qu'il avait informés. Il a toutefois demandé à visionner le film. Après plusieurs mois et des rendez-vous annulés (pendant lesquels la négociation continuait avec le cameraman), Santilli a fini par lui remettre, le 17 mars 1995, un segment de film décevant – une séquence d'autopsie sous une tente mal éclairée, dans un coin de désert. On y distingue un corps recouvert d'un drap, d'où émergent une tête et des jambes, deux hommes en blouse blanche autour d'une table, et un troisième en tenue de ville. Mantle reconnaît toutefois que ce bout de film a aiguisé sa curiosité. Il a donc proposé à Santilli de venir présenter son film à la conférence annuelle du BUFORA qui devait avoir lieu en août à Sheffield. Santilli a accepté.

Quelques jours plus tard, un ami journaliste de Sheffield l'a appelé pour obtenir des informations sur cette conférence, et a publié un article dans le *Sheffield Star*, annonçant la projection du film sur Roswell. Peu après, l'agence de presse White annonçait la nouvelle, aussitôt relayée dans le monde entier par l'A.F.P., le 26 mars. C'est alors un déluge d'appels, comparable à celui qui avait suivi le communiqué de Roswell, en 1947 : tous les médias veulent en savoir davantage.

Signalons qu'une erreur s'est glissée dans la dépêche annonçant l'authentification du film par Kodak. Celle-ci n'a pas eu lieu, affirme Philip Mantle : Kodak a seulement accepté de réaliser une analyse, comme en témoigne une lettre de la firme américaine, communiquée par Santilli, donnant des indications sur l'année de fabrication d'une amorce de bobine. Les symboles y figurant (un carré et un losange) datent cette pellicule, soit de 1927, soit de 1947, soit de 1967. Selon d'autres experts, la date exacte peut être déterminée grâce à d'autres repères ; ce qui reste à faire. Selon les conclusions d'un expert réputé de Rochester, révélées en France lors de la conférence de presse de TF1 du 24 août 1995, ce film daterait bien de 1947, car il s'agit d'un type de pellicule « double X », dont la fabrication a cessé en 1956. Reste à savoir si ce diagnostic porte bien sur une amorce originale du film mystérieux. Une analyse chimique d'un fragment de film impressionné aurait été commandée, mais l'authenticité de son *origine* reste à confirmer : est-ce bien le négatif original ?

Plusieurs éléments sont suspects : le peu d'informations sur le film, sur son origine et sur le cameraman. Est-ce en gardant l'anonymat que celui-ci peut espérer rester à l'abri de poursuites ? S'il a vraiment tourné ce film ultra-secret, les militaires n'ont-ils pas les moyens de l'identifier et de le retrouver ? En attendant une éventuelle confirmation de l'âge effectif de ce film, l'analyse du contenu en est aujourd'hui l'élément le plus intéressant, et le seul à notre portée ; les télévisions qui ont acheté les droits se sont mises au travail et ont recueilli de nombreux avis d'experts. Nous y reviendrons.

Philip Mantle et sa femme Sue sont convenus d'un nouveau rendez-vous avec Santilli le 28 avril. Celui-ci leur fait alors visionner (enfin !) une séquence assez nette d'autopsie dans une salle d'hôpital, toujours en noir et blanc, et sans son. Du reste, toutes les bobines du film sont en noir et blanc, ce qui n'a pas empêché une revue de parler de « sang vert [14] », détail ridicule que d'autres journaux n'ont pas manqué de reprendre à leur compte. À moins que ce journaliste soit mieux informé que d'autres... Plus sérieusement, pourquoi aurait-on filmé un document aussi exceptionnel en noir et blanc, alors que la pellicule en couleur était déjà d'usage assez courant ?

Une semaine plus tard, le 5 mai, Santilli a présenté une séquence d'environ vingt minutes lors d'une projection sur invitation à Londres, devant une centaine de personnes. Selon Mantle, la séquence projetée n'était pas la même que celle qu'il avait vue la semaine précédente, bien qu'elle fût presque identique : cette fois, le corps portait à la cuisse droite une large blessure béante, cause probable de sa mort – blessure qui n'était pas visible dans la première séquence. C'est cette dernière séquence, et elle seule semble-t-il, dont les droits ont été vendus dans le monde entier.

En France, TF1 a présenté ce film en juin, au cours de la première émission « L'Odyssée de l'étrange », animée par Jacques Pradel, mais en ne diffusant que des images fixes. Le film a été mis en vente en vidéocassette fin août. Il inclut l'avis d'experts médicaux et de personnalités religieuses. Des extraits devaient en être présentés fin octobre sur TF1 par le même Jacques Pradel. Le film a été diffusé en Angleterre par Channel 4, assorti de commentaires critiques, et sur RTL en Allemagne, avec des avis très négatifs. Une émission bien documentée a été diffusée dès le 28 août aux États-Unis sur la chaîne Fox TV, en présence de nombreux experts. La France a été le théâtre de vives réactions journalistiques contre ce film (très vite considéré comme un canular) et contre son exploitation commerciale... Le clou de cette campagne a été une émission surprise de la chaîne franco-allemande Arte, qui a présenté son propre film-canular, réalisé en secret pendant l'été, et traitant d'un prétendu crash d'ovni en Union soviétique, remontant également à l'été 1947. L'émission était animée par Michel Polac, entouré d'intellectuels. En fait, le seul expert invité réellement au fait du dossier n'était autre que Pierre Lagrange – encore lui ! Michel Polac a pu affirmer que le film de Santilli était un canular grossier sans risque d'être contredit par ses hôtes, tous plus sceptiques les uns que les autres (à l'exception de Michel Schiff, auteur d'un livre indépendant sur le professeur Benveniste et la « mémoire de l'eau », qui a su rester sur une prudente réserve).

### *Opinions d'experts*

Peut-on, au vu de ces seules images, se faire une opinion sur la nature du cadavre ? S'agit-il d'un mannequin en latex, d'un corps humain maquillé, d'un corps de mutant humain, ou d'un corps non humain ? Interrogés par la chaîne de télévision Fox TV, des spécialistes américains des effets spéciaux (ceux-là mêmes qui ont réalisé les trucages du film de Steven Spielberg, *Jurassic Park*) estiment que l'autopsie, très réaliste, aurait coûté fort cher à reconstituer en studio. Il est très difficile, par exemple, de simuler le saignement de la peau au moment où elle est incisée. Dans cette même émission, deux médecins légistes observent que les instruments sont bien d'époque, que la manière d'opérer est plausible, les opérateurs étant de réels chirurgiens. En revanche, ils critiquent les mouvements de caméra maladroits et l'absence de plans fixes, qui auraient dû être employés afin de bien montrer les organes prélevés. D'autre part, une autopsie d'une telle importance aurait dû prendre plusieurs jours, voire plusieurs semaines, et non deux ou trois heures au plus (c'est le temps qui semble s'être écoulé si l'on en croit la pendule fixée au mur). Un cameraman militaire a jugé déplorable la prise de vues, et un réalisateur a finement observé que l'on n'agit pas autrement lorsqu'on cherche à cacher des trucages imparfaits.

La vidéocassette commercialisée par TF1 inclut une analyse des images par deux experts : un chirurgien, le Dr Patrick Braun, et un expert judiciaire en anthropologie médico-légale, Josiane Pujol, pour l'étude du visage et du crâne. Le témoignage du Dr Braun n'entame en rien le mystère : s'il ne croit pas aux visiteurs extraterrestres du fait des distances interstellaires infranchissables, il affirme néanmoins que le corps apparaissant dans le film est réel et non humain !

Sa conviction s'est établie, dit-il, à l'examen de l'aspect général du cadavre et des organes, mais aussi à l'observation de plusieurs détails externes et internes. Ainsi, le processus de décollement entre méninge et cerveau, qui apparaît nettement, correspond bien à une réalité : cette opération délicate doit être réalisée à la main du fait de légères adhérences causées par des fibres minuscules. La présence d'une telle scène élimine, selon lui, l'hypothèse d'un trucage. On peut remarquer beaucoup d'autres détails similaires : lividités cadavériques, hématomes sur le corps, plaie à la jambe qui révèle un système osseux, avec fracture à cet endroit.

Ce corps pourrait-il être celui d'un être humain qui aurait subi de multiples mutations ? Impensable, estime le Dr Braun : il en existe trop à la fois ! La polydactylie (présence de doigts surnuméraires) est une anomalie connue, mais très rare aux deux mains et aux deux pieds à la fois. D'autre part, elle apparaît ici sous une forme parfaite, élégante. Mais surtout, la présence d'anomalies très importantes, non seulement externes mais aussi des organes internes, lui paraît exclure l'hypothèse d'un mutant naturel. Les organes internes sont complètement différents de ceux du corps humain : poumons très petits, absence d'intestin (cause, chez l'être humain, d'une mort immédiate à la naissance), présence d'un énorme organe pyramidal, sans doute le cœur, dont on voit sectionner un gros vaisseau. Un autre organe volumineux, situé dans le bas-ventre, pourrait être le foie. Autre élément troublant, l'appareil génital, d'apparence féminine, est très petit et dépourvu de caractères sexuels secondaires. Enfin, détail aux lourdes conséquences : l'absence de nombril ! Cet être, s'il est réel, n'est pas né à la façon d'un mammifère humain. Est-il « né » par clonage ? Nous voilà en pleine science-fiction. À moins, évidemment, qu'il ne s'agisse d'un corps réel, mais maquillé.

Le Dr Braun reconnaît n'être pas spécialiste de médecine légale, et ne pas avoir la compétence pour juger de malformations congénitales. Attendons par conséquent l'opinion d'experts qui voudront bien s'exprimer publiquement, comme l'a fait courageusement ce chirurgien. Lors de la conférence de presse de TF1, Jacques Pradel a précisé qu'il a montré ce film à plusieurs experts médicaux, de même opinion que le Dr Braun. Par contre, Jean Sider pense avoir identifié, avec l'aide d'experts, la nature de la maladie génétique de cet être : ce serait le syndrome de Turner-Albright.

En ce qui concerne l'aspect général de la tête, Josiane Pujol a fait une analyse numérisée de deux photos de celle-ci, qui lui ont permis de la comparer avec une tête humaine par superposition sur ordinateur. Selon elle, la différence majeure tient au volume du crâne supérieur, qui occupe la moitié du visage au lieu d'un tiers chez l'être humain. Les globes oculaires sont bien plus grands que chez l'homme, le nez plus petit. La bouche n'a pas de dents. Les oreilles ont un dessin différent, mais leur position est « normale » par rapport aux traits du visage. Selon Josiane Pujol, il est impossible de se prononcer sur la nature de cette tête. Un détail très curieux, souligné par le Dr Braun, est la pellicule foncée, retirée des yeux avec facilité lors de l'autopsie, ce qui donne à penser qu'ils n'en étaient pas. Il peut s'agir d'une protection artificielle, ou d'un organe prédécoupé. Ces grands yeux foncés ont été décrits – la coïncidence est frappante – par de nombreuses victimes d'« enlèvements » extraterrestres.

Sur le plan opératoire, le Dr Patrick Braun fait les mêmes observations que les experts américains : les instruments sont bien d'époque ; les gestes sont ceux de chirurgiens et non de médecins légistes. Leur tenue, protégeant l'ensemble du corps, se justifie par les risques évidents, liés à l'existence éventuelle de microbes inconnus. Pour ma part, j'ai été étonné que leur visage soit masqué par une visière étroite et opaque : cet équipement paraît particulièrement mal adapté à une autopsie. En revanche, il est parfait pour dissimuler les visages !

Autre remarque importante du Dr Braun : plusieurs organes internes extraits par les chirurgiens lui ont donné l'impression d'avoir été conservés plusieurs semaines au froid. Or, a-t-il été révélé lors de la conférence de presse de TF1, peu de temps après cette découverte, le cameraman a fait savoir que, s'il avait bien été envoyé à Roswell début juin, il était ensuite revenu à la base de Wright pendant trois semaines pour filmer les débris ; c'est seulement ensuite que l'autopsie avait été filmée, à Dallas, au Texas (ville proche de Fort Worth). Ce scénario implique que les corps étaient restés dans cette région, mais contredit tous les témoignages sur leur transport jusqu'à la base de Wright, dans l'Ohio !

## *Plus de questions que de réponses*

Nous avons déjà remarqué les divergences de dates des différents témoignages. Kevin Randle et Donald Schmitt, en cinq ans, en ont recueilli plus de cinq cents, directs et indirects. Or pas un seul ne fait allusion à un quelconque événement début juin. On discute encore sur la date précise – le 2 ou le 4 juillet ? – mais on est loin d'un mois de décalage. Il existe ensuite une divergence sur les descriptions de cadavres, mais il est vrai que nous détenons déjà deux descriptions quelque peu différentes, et il faut avouer que cette partie de l'enquête est fragile.

Une hypothèse au moins peut déjà être écartée, celle d'un canular monté à seule fin lucrative. Beaucoup trop compliqué et beaucoup trop cher ! Même si Ray Santilli a acheté le film comptant pour 100 000 dollars, cela ne couvrirait certainement pas le coût des effets spéciaux, et encore moins ceux d'un éventuel tournage. Après un tel effort, est-il imaginable que *les* auteurs (au pluriel, car le vieux cameraman n'était sûrement pas seul) de ce film l'aient vendu pour une bouchée de pain, laissant Santilli en tirer tous les bénéfices ? Selon le négociateur de TF1 qui a acheté le document à Santilli, celui-ci a dû en tirer de vingt à trente millions de francs au total, soit de quarante à soixante fois le prix d'achat. À moins que Santilli soit lui-même le faussaire, mais cela paraît exclu, ne serait-ce qu'en considération du risque énorme qu'il aurait pris.

Si ce film est un faux, un organisme puissant se cache, selon toute vraisemblance, derrière le cameraman. On voit alors se profiler, une fois de plus, l'ombre des services secrets, qui ne cessent de manipuler les ufologues depuis plus de vingt ans en leur révélant des informations extraordinaires... et jamais confirmées. Est-ce pour déconsidérer les enquêtes sur les ovnis ? S'agirait-il, dans le cas de Roswell, de mettre une bonne fois pour toutes un terme à des enquêtes trop poussées ? C'est possible. Telle est la raison pour laquelle il convient de rester très prudent. C'est là l'opinion de nombreux ufologues, tels Kent Jeffrey aux États-Unis et l'astrophysicien Pierre Guérin en France. (Kent Jeffrey, pilote de Delta Airlines, continue à enquêter sur l'affaire ; il est à l'initiative de la *Roswell Declaration,* une pétition cherchant à rassembler les signatures de tous ceux qui veulent enfin connaître la vérité [15].)

Kent Jeffrey, pour ne citer que lui, a vigoureusement mis en doute ce film qui sent le « piège pour couler les enquêtes sur Roswell [16] ». Selon lui, des extraterrestres ne peuvent être anthropomorphes. Cet argument, fondé sur la théorie de l'évolution, est très répandu (l'helléniste et historien Paul Veyne l'a même brandi sur Arte !), mais tout le monde n'est pas de cet avis car, d'une part, la forme « humanoïde » est très fonctionnelle, et d'autre part on observe dans la nature une convergence vers les formes les mieux adaptées, à partir d'espèces très différentes (et qui peuvent le rester dans leur fonctionnement interne [17] !). Du reste, l'apparition de la vie et son évolution recèlent encore bien des mystères... Dans le même ordre d'idée, une autre objection classique, avancée pour mettre en doute l'hypothèse de visiteurs extraterrestres, est la limite de la vitesse de la lumière, qui interdirait de tels voyages. Or, les derniers développements de la physique fondamentale, telles les « théories des supercordes », ouvrent des perspectives totalement nouvelles dans ce domaine [18]...

Il existe peut-être un jeu plus subtil, déjà évoqué dans ces pages : celui de la divulgation progressive d'informations sur l'existence de visiteurs extraterrestres – avec la plus grande prudence, afin d'éviter un trop grand choc dans l'opinion publique. Dans cette hypothèse, le vieux cameraman ne serait qu'un paravent, et le film aurait été divulgué sur décision expresse des services de renseignements. Peut-être la preuve sera-t-elle faite, dans quelque temps, que ce film n'était qu'une supercherie, mais l'empreinte en restera dans les esprits. Ou peut-être, plus simplement, laissera-t-on le débat s'enliser, le cameraman demeurant par ailleurs introuvable. Pierre Guérin est pour sa part convaincu qu'il s'agit d'un piège tendu contre les enquêteurs sur l'affaire Roswell. Il suffit pour s'en convaincre, dit-il, d'observer la réprobation presque unanime suscitée par ce film, y compris parmi les ufologues convaincus de l'existence des ovnis.

Une autre hypothèse vient à l'esprit ; connaissant le nombre de témoignages recensés d'accidents d'ovnis avec récupération de cadavres, ce film pourrait avoir été tourné à la suite d'un autre accident d'ovni, à une autre date et dans un autre lieu, avec une autre espèce d'extraterrestres ! Après tout, n'est-ce pas ce qu'un agent de l'Air Force Office of Special Investigations a révélé, sur la base de Kirtland, à la journaliste et productrice Linda Moulton-Howe ? Peut-être l'accident de Roswell n'était-il pas le premier... Voilà qui expliquerait le témoignage controversé de Frank Kaufmann, selon lequel les autorités de Washington étaient déjà sur le pied de guerre pour accueillir l'ovni désemparé de Roswell !

# Conclusion

L'affaire Roswell est complexe. Il est manifeste que nous ne savons pas tout, malgré quinze années d'enquêtes approfondies. L'apparition du film de « l'extraterrestre de Roswell » est peut-être un tournant décisif, à moins qu'il ne s'agisse d'une nouvelle manœuvre de désinformation. Peut-être serons-nous rapidement fixés à ce sujet.

Quoi qu'il en soit, et contrairement à certaines affirmations hâtives, « le débat continue » : le rapport du Congrès américain n'emploie pas d'autres termes. Et que pourrait-il dire de plus, contraint qu'il est de respecter un devoir de réserve ?

Plus librement, les lecteurs du présent livre pourront, je l'espère, réfléchir aux implications profondes de l'« affaire Roswell » : si, comme tous les témoignages le prouvent, certains services secrets des États-Unis et d'autres pays ont découvert depuis des décennies l'existence de « visiteurs » venus d'autres mondes, et se sont acharnés à cacher cette découverte, c'est sans doute parce qu'ils redoutent, non sans raisons, l'immense choc culturel, social, religieux et philosophique, que risquerait de provoquer une révélation brutale au grand public.

Il existe au moins un précédent historique comparable : la théorie de Copernic et de Galilée, qui a réduit notre Terre à un grain de sable dans l'univers. La présence d'autres civilisations, plus anciennes et plus avancées que nous, pourrait bien être un choc plus grand encore. Pourtant, si telle est la réalité, celle-ci ne pourra rester indéfiniment ignorée, quelles qu'en soient les conséquences. Peut-être est-il temps de nous y préparer.

# NOTES

## CHAPITRE 1

1. Kevin Randle et Donald Schmitt, *The Truth About The UFO Crash at Roswell*, M. Evans and Company, New York, 1994, p. 52.
2. Charles Berlitz et William Moore, *The Roswell Incident*, Grosset & Dunlap, New York, 1980, p. 28 (*Le Mystère de Roswell. Les Naufragés de l'espace*, France-Empire, 1981).
3. Kevin Randle et Donald Schmitt, *UFO Crash at Roswell*, Avon Books, New York, 1991, p. 20.
4. Loren Gross, *UFOs : A History. Volume 1 : 1947, 1988.* Second Arcturus printing, février 1991, p. 13.
5. Michael Swords, *Cases at the Beginning of the Modern UFO Era*, Center for UFO Studies (CUFOS, 2 457 West Peterson Avenue, Chicago, IL, 60 659), octobre 1992, p. 27.
6. *Report of Air Force Research Regarding the « Roswell Incident »*, Washington, D.C., Department of the Air Force, juillet 1994 (publié en septembre 1994), p. 21.
7. Karl Pflock, *Roswell in Perspective*, 1994, Fund for UFO Research (PO Box 277, Mount Rainier, MD, 20 712), p. 66.
8. *Ibid.*, p. 67.
9. Kevin Randle et Donald Schmitt, *The Truth About The UFO Crash at Roswell*, *op. cit.*, p. 52.

## CHAPITRE 2

1. Donald Keyhoe, *The Flying Saucers Are Real*, Fawcett Publications, New York, 1950.

2. Edward Ruppelt, *The Report on Unidentified Flying Objects*, Ace Books, New York, 1956 (*Face aux soucoupes volantes*, France-Empire, Paris, 1958).

3. Frank Scully, *Behind the Flying Saucers*, Holt, New York, 1950 (*Le Mystère des soucoupes volantes*, Les Éditions mondiales, Paris, 1951).

4. William Moore, *Crashed Saucers : Evidence in Search of Proof*, in *MUFON UFO Symposium Proceedings*, 1985, p. 133 (MUFON, 103, Old Towne Road, Seguin, Texas, 78 155, U.S.A.).

5. Voir notamment Gildas Bourdais, *Enquête sur l'existence d'êtres célestes et cosmiques*, Filipacchi, Paris, 1994.

6. Stanton Friedman et Don Berliner, *Crash at Corona. The US Military Retrieval and Cover-up of a UFO*, Paragon House, New York, 1992, p. 8.

7. *Ibid*, pp. 9 et suivantes.

8. Leonard Stringfield, « Retrievals of the Third Kind. A Case Study of Alleged UFOs and Occupants in Military Custody », in *Abstract*, n°18, pp. 21 et 22, avril 1978, révisé en juillet 1978, présenté au Symposium du MUFON à Dayton, Ohio, le 29 juillet 1978. Republié en janvier 1980 sous le titre *The UFO Crash/Retrieval Syndrome. Status Report II : New Sources, New Data*, Case A-10, pp. 16 et 17, MUFON, 103 Old Towne Road, Seguin, TX 78155, U.S.A.

9. *Report of Air Force Research Regarding The « Roswell Incident »*, Washington D.C., Department of the Air Force, 1994, p. 5.

10. Charles Berlitz et William Moore, *The Roswell Incident*, *op. cit.*, p. 63.

11. Karl Pflock, *Roswell in Perspective*, *op. cit.*, p. 121.

12. Stanton Friedman et Don Berliner, *Crash at Corona*, *op. cit.*, p.10.

13. Karl Pflock, op. cit., p. 121.

14. *Ibid.*, p. 124.

15. Kevin Randle et Donald Schmitt, *UFO Crash at Roswell*, *op. cit.*, p. 50.

16. Charles Berlitz et William Moore, *op. cit.*, p. 67.

17. Karl Pflock, *op. cit.*, p. 123.

18. Charles Berlitz et William Moore, *op. cit.*, pp. 67 à 69.

19. *Ibid.*, p. 73.
20. *Ibid.*, p. 74.
21. Karl Pflock, *op. cit.*, p. 163.
22. Kevin Randle et Donald Schmitt, *UFO Crash at Roswell*, *op. cit.*, p. 173.
23. Karl Pflock, *op. cit.*, pp. 169 et 170.
24. Charles Berlitz et William Moore, *op. cit.*, pp. 90 et 91.
25. Kevin Randle et Donald Schmitt, « Roswell, July 9, 1947 », in *The Roswell Report. A Historical Perspective*, 1991, édité par George Eberhart, Center For UFO Studies (CUFOS) (2457 W. Peterson Ave., Chicago, IL 60 659, U.S.A.), p. 44.
26. Kevin Randle et Donald Schmitt, *UFO Crash at Roswell*, *op. cit.*, p. 53.
27. *Ibid.*, p. 42.
28. Charles Berlitz et William Moore, *op. cit.*, pp. 93 et 94.
29. *Ibid.*, pp. 92 et 93.
30. Kevin Randle et Donald Schmitt, *The Truth About The UFO Crash at Roswell*, *op. cit.*, pp. 29 et 30.
31. Charles Berlitz et William Moore, *op. cit.*, pp. 24 et 25.
32. Mark Rodegheir, « At The Roswell Site », in *The Roswell Report. A Historical Perspective*, *op. cit.*, p. 50.
33. Kevin Randle et Donald Schmitt, *The Truth About The UFO Crash at Roswell*, *op. cit.*, p. 78.
34. Ibid., pp. 79 et 80.
35. Charles Berlitz et William Moore, *op. cit.*, p. 79.
36. Kevin Randle et Donald Schmitt, *The Truth About The UFO Crash at Roswell*, *op. cit.*, p. 30
37. (1) Charles Berlitz et William Moore, *op. cit.*, pp. 87 à 90 ; (2) Kevin Randle et Donald Schmitt, *The Truth About The UFO Crash at Roswell*, *op. cit.*, p. 30.

## CHAPITRE 3

1. Kevin Randle et Donald Schmitt, *UFO Crash at Roswell*, *op. cit.*, p. 129.
2. *Ibid.*, pp. 131 et 132.
3. *Ibid.*, p. 130.
4. *Ibid.*, p. 149.
5. *Ibid.*, p. 282.

6. Kevin Randle et Donald Schmitt, *The Truth About The UFO Crash at Roswell*, *op. cit.*, p. 40.
7. Kevin Randle et Donald Schmitt, *UFO Crash at Roswell*, *op. cit.*, p. 162.
8. *Ibid.*, pp. 118 à 121.
9. Robert Todd, « LaPaz, Roswell & Green Fireballs », in *MUFON UFO Journal*, juillet 1994, pp. 3 à 5.
10. *MUFON UFO Journal*, septembre 1994, p. 19.
11. *Report of Air Force Research Regarding The « Roswell Incident »*, *op. cit.*, p. 19.
12. Kevin Randle et Donald Schmitt, *UFO Crash at Roswell*, *op. cit.*, pp. 80 et 81.
13. (1) Karl Pflock, *Roswell in Perspective*, *op. cit.*, p. 165 ; (2) *Report of Air Force...*, *op. cit.*, p. 15.
14. Karl Pflock, *op. cit.*, p. 122.
15. Charles Berlitz et William Moore, *op. cit.*, pp. 68 et 69.
16. Kevin Randle et Donald Schmitt, *UFO Crash at Roswell*, *op. cit.*, pp. 75 et 76.
17. *Ibid.*, pp. 76 et 77.
18. Charles Moore, « Project Mogul And The Roswell Crash : An Exchange », in *International UFO Reporter*, CUFOS (2 457 West Peterson Ave., Chicago, IL, 60 659, U.S.A.), p. 8.
19. (1) Charles Berlitz et William Moore, *op. cit.*, pp. 39 et 40 ; (2) Kevin Randle et Donald Schmitt, *UFO Crash at Roswell*, *op. cit.*, pp. 73 et 74.
20. *Report of Air Force...*, *op. cit.*, p. 16.
21. Pierre Lagrange, « Extraterrestres : la grande arnaque », in *Science et Vie*, août 1995, p. 92.
22. Kevin Randle et Donald Schmitt, *UFO Crash at Roswell*, *op. cit.*, p. 74.
23. *Ibid.*, p. 75.
24. Voir cahier hors texte, p. III.
25. Donald Schmitt et Kevin Randle, « The Fort Worth Press Conference : The J. Bond Johnson Connection », in *The Roswell Report*, *op. cit.*, p. 68.
26. Voir chapitre 5, pp. 141 à 144.
27. Shandera note ici que la suggestion qu'il y avait peut-être plus d'un avion va dans le sens d'autres témoignages.

28. Jaime Shandera, « New Revelations About Roswell Wreckage : A General Speaks Up », in *MUFON UFO Journal*, janvier 1991, pp. 12 à 18.

29. Donald Schmitt et Kevin Randle, « What Happened in Ramey's Office ? », in *MUFON UFO Journal*, avril 1991, p. 7.

30. Philip Klass, *Skeptics UFO Newsletter* (404 « N » St. SW Washington D. C., 20 024 U.S.A.), n°32, mars 1995, p. 3.

31. Jaime Shandera, *MUFON UFO Journal*, janvier 1991, p. 14.

32. Donald Schmitt et Kevin Randle, « What Happened in Ramey's Office », *MUFON UFO Journal*, avril 1991, p. 4.

33. Pierre Lagrange, « Extraterrestres : la grande arnaque », *op. cit.*, p. 93.

34. *Ibid.*, p. 92.

35. *Ibid.*, p. 93.

36. Jaime Shandera, « New Revelations About Roswell Wreckage », *op. cit.*, pp. 15 et 16.

CHAPITRE 4

1. Stanton Friedman et Don Berliner, *Crash at Corona*, *op. cit.*, pp. 13 et 14.

2. Charles Berlitz et William Moore, *The Roswell Incident*, *op. cit.*, pp. 57 à 61.

3. *Ibid.*, pp. 62 et 63.

4. *Ibid.*, p. 94.

5. William Moore, *The Roswell Investigations. New Evidence in The Search For A Crashed UFO*, 1982, W. Moore Publications, Prescot, Arizona, pp. 9 et 10.

6. *Ibid.*, p. 14.

7. *Ibid.*, p. 16.

8. William Moore, « Crashed Saucers : Evidence in Search of Proof », in *MUFON 1985 UFO Symposium Proceedings*, p. 176.

9. Stanton Friedman et Don Berliner, *op. cit.*, p. 89.

10. *Ibid.*, pp. 90 à 97.

11. *Ibid.*, chapitre 8.

12. John Carpenter, « Gerald Anderson : Truth vs. Fiction », in *MUFON UFO Journal*, septembre 1991, p. 7.

13. Kevin Randle, Donald Schmitt et Thomas Carey, « Gerald Anderson and The Plains of San Agustin », in *The Plains of San Agustin Controversy*, juillet 1947, édité par George Eberhart, publication conjointe du CUFOS et du Fund for UFO Research, juin 1992, p. 18.

14. Stanton Friedman, in *MUFON UFO Journal*, septembre 1991, p. 15.

15. *Ibid.*, p. 17.

16. Pierre Lagrange, « Extraterrestres : la grande arnaque », *op. cit.*

17. John Carpenter, in *MUFON UFO Journal*, septembre 1991, p. 3.

18. John Carpenter, « Gerald Anderson : Disturbing Revelations », in *MUFON UFO Journal*, mars 1993, pp. 6 à 9.

19. *Ibid.*, p. 9.

20. Kevin Randle, Donald Schmitt et Thomas Carey, *The Plains of San Agustin Controversy*, *op. cit.*, p. 18.

21. Philip Klass, *Skeptics UFO Newsletter*, janvier 1995.

22. Karl Pflock, *Roswell in Perspective*, *op. cit.*, p. 118.

23. Anne MacFie, « Return to Roswell », in *MUFON UFO Journal*, avril 1992, p. 3.

24. Kevin Randle et Donald Schmitt, *UFO Crash at Roswell*, *op. cit.*, p. 92.

25. Anne MacFie, *op. cit.*, pp. 3 et 4.

26. Kevin Randle et Donald Schmitt, *UFO Crash at Roswell*, *op. cit.*, pp. 105 et 106.

27. Stanton Friedman et Don Berliner, *op. cit.*, p. 116.

28. Kevin Randle et Donald Schmitt, *The Truth About The UFO Crash at Roswell*, *op. cit.*, p. 67.

29. Philip Klass, *Skeptics UFO Newsletter*, janvier 1995.

30. Stanton Friedman et Don Berliner, *op. cit.*, p. 119.

31. Anne MacFie, *op. cit.*, p. 5.

32. Stanton Friedman et Don Berliner, *op. cit.*, p. 119.

33. Kevin Randle et Donald Schmitt, *The Truth About The UFO Crash at Roswell*, *op. cit.*, p. 34.

34. *Ibid.*, p. 35.

35. William Moore, *The Roswell Investigation...*, *op. cit.*, p. 18.

36. Kevin Randle et Donald Schmitt : (1) *UFO Crash at*

*Roswell, op. cit.*, p. 82 et pp. 93 à 95 ; (2) *The Truth About The UFO Crash at Roswell, op. cit.*, p. 75.

37. Kevin Randle et Donald Schmitt, *UFO Crash at Roswell, op. cit.*, pp. 95 et 96.

38. Philip Klass, *Skeptics UFO Newsletter*, mars 1995, p. 8.

39. Kevin Randle et Donald Schmitt, *UFO Crash at Roswell, op. cit.*, pp. 96 à 98.

40. *Ibid.*, pp. 109 à 112.

## CHAPITRE 5

1. Lawrence Fawcett et Barry Greenwood, *Clear Intent, Prentice Hall*, 1984, republié sous le titre *The UFO Cover-up. What The Government Won't Say*, Fireside (Simon & Schuster), New York, 1992.

2. William Moore et Stanton Friedman, « MJ-12 and Phil Klass : What Are The Facts ? », in *MUFON 1988 Symposium Proceedings*, MUFON, Seguin, Texas, pp. 206 à 241.

3. Bruce Maccabee, *Documents and Supporting Information Related to Crashed Flying Saucers And Operation Majestic 12*, Fund for UFO Research, 1987, p. 6.

4. Timothy Good, « Above Top Secret », in *MUFON 1989 UFO Symposium Proceedings*, MUFON, Seguin, Texas, p. 133.

5. Document « Majestic 12 », reproduit notamment dans le dossier de Bruce Maccabee (cf. note 3 ci-dessus), dans le livre de Timothy Good, *Above Top Secret* (Grafton Books, Londres, 1987), et dans *Crash at Corona*, de Stanton Friedman et Don Berliner *(op. cit.)*.

6. Stanton Friedman et Don Berliner, *op. cit.*, pp. 62 et 63.

7. Voir notamment Gildas Bourdais, *Enquête sur l'existence d'êtres célestes et cosmiques, op. cit.*

8. Joe Nickell et John Fischer, « The Crashed Saucer Forgeries », in *The Roswell Report, op. cit.*, pp. 119 à 129 (publié initialement dans la revue *International UFO Review* [IUR], mars/avril 1990, même éditeur).

9. Kevin Randle, *A History of UFO Crashes*, New York, Avon Books, 1995, pp. 121 à 146.

10. Sur le « Cutler Memo », voir notamment le dossier de Bruce Maccabee, « Exhibit F » (voir note 3 ci-dessus), et

l'étude de Stanton Friedman, *Final Report on Operation Majestic 12*, Fund for UFO Research, 1990.

11. Joe Nickell et John Fischer, *op. cit.*, p. 124.

12. Bruce Maccabee, *Documents and Supporting Information...*, *op. cit.*, p. 8.

13. Kevin Randle, *Conclusions on Operation Majestic Twelve*, Fund For UFO Research (Box 277, Mt Rainier, MD 20 712, U.S.A.), juin 1994, p. 17.

14. Robert Hastings, « The MJ-12 Affair : Facts, Questions, Comments », in *MUFON UFO Journal*, juin 1989, pp. 3 à 11.

15. Jacques Vallée, *Revelations*, Ballantine Books, New York, 1991, p. 47 (*Révélations*, Robert Laffont, Paris, 1992, p. 64).

16. *Ibid.*, pp. 73 à 77 (Robert Laffont, pp. 95 à 99).

17. Bruce Maccabee, *Documents and Supporting Information...*, *op. cit.*, p. 9.

18. Grant Cameron et T. Scott Crain Jr, *UFOs, MJ-12 And The Government. A Report on Government Involvement in UFO Crash Retrievals*, 1991, Mutual UFO Network, Seguin, Texas, pp. 4 et 5.

19. *Ibid.*, pp. 6d, 6e et 23.

20. George Andrews, *Extra-Terrestrial Friends And Foes*, Illuminet Press, I-Net Group, P.O. Box 2 808, Lilburn, GA 30226, U.S.A., pp. 2 à 6.

21. Grant Cameron et T. Scott Crain Jr, *op. cit.*, pp. 61 à 65.

CHAPITRE 6

1. Kevin Randle et Donald Schmitt, *The Truth About the UFO Crash at Roswell*, *op. cit.*, édition de poche mise à jour, Avon Books, New York, décembre 1994.

2. Kevin Randle, *Roswell UFO Crash Update. Exposing The Military Cover-up of The Century*, juillet 1995, Global Communications (P.O. Box 753, New Brunswick, NJ 08 903, U.S.A.).

3. Dennis Stacy, « The UFO Press », in *MUFON UFO Journal*, avril 1994, p. 15.

4. Kevin Randle et Donald Schmitt, *The Truth About the UFO Crash at Roswell*, *op. cit.*, p. 5.

5. *Ibid.*, p. 3.

6. *Ibid.*, p. 8.

7. *Ibid.*, p. 10.

8. Karl Pflock, *Roswell in Perspective, op. cit.*, pp. 41 à 54.

9. Kevin Randle et Donald Schmitt, *UFO Crash at Roswell, op. cit.*, p. 181.

10. Karl Pflock, *op. cit.*, p. 47.

11. Kevin Randle et Donald Schmitt, in *Roswell Reporter*, n°2 (P.O. Box 85, Hartford, WI, 53 027, U.S.A.), printemps 1995, pp. 3 à 7.

12. *Ibid.*, p. 5.

13. Kevin Randle et Donald Schmitt, *The Truth About The UFO Crash at Roswell, op. cit.*, pp. 139 et 175.

14. *Ibid.*, p 14.

15. (1) Don Ecker, « Tale of New Roswell Witness », in *UFO Magazine*, Sunland, Californie, vol. 5, n° 5, 1994 ; (2) Kevin Randle et Donald Schmitt, *The Truth About The UFO Crash at Roswell*, édition de poche, p. 13 ; (3) Kevin Randle, *Roswell UFO Crash Update, op. cit.*, pp. 38 et 39.

16. (1) Kevin Randle, *Roswell UFO Crash Update, op. cit.*, pp. 115 et 116 ; Kevin Randle et Donald Schmitt, *The Truth About The UFO Crash at Roswell, op. cit.*, p. 62

17. (1) Kevin Randle et Donald Schmitt, *The Truth About The UFO Crash at Roswell, op. cit.*, pp. 102 à 109 ; (2) Kevin Randle, *Roswell UFO Crash Update, op. cit.*, pp. 148 et 149.

18. Kevin Randle, in *MUFON UFO Journal*, juin 1994, p. 18, et septembre 1994, p. 18.

19. Kevin Randle et Donald Schmitt, *The Truth About The UFO Crash at Roswell, op. cit.*, pp. 16 à 18.

20. Kevin Randle, *Roswell UFO Crash Update, op. cit.*, p. 112.

### CHAPITRE 7

1. Karl Pflock, *Roswell in Perspective, op. cit.*

2. *Report of Air Force…, op. cit.*, p. 21.

3. Charles Moore, in *International UFO Reporter [IUR]*, mars/avril 1995, CUFOS, Chicago.

4. *Ibid.*, pp. 7 et 8.

5. Charles Moore, lettre au député Steven Schiff, 10 août 1995.

6. Charles Moore, in *IUR*, *op. cit.*

7. Robert Todd, in *International UFO Reporter [IUR]*, mars/avril 1995, p. 9

8. (1) Charles Berlitz et William Moore, *The Roswell Incident*, *op. cit.*, p. 88 ; (2) Karl Pflock, *Roswell in Perspective*, *op.cit.*, p. 87.

9. Karl Pflock, lettre au *MUFON UFO Journal*, octobre 1994, p. 17.

10. Kevin Randle, lettre au *MUFON UFO Journal*, septembre 1994, p. 18.

11. « Little Green Men », in *City Paper*, Washington D.C., 7 avril 1995.

12. General Accounting Office (G.A.O.), *Government Records. Results of a Search for Records Concerning the 1947 Crash near Roswell, New Mexico*, juillet 1995, Washington D.C. 20 548, U.S.A. (envoi gratuit sur demande).

13. (1) Philip Mantle, in *UFO Times*, n° 1, Woodhall Drive, Batley, W Yorks, WF17 7SW, Royaume-Uni, juillet/août 1995, pp. 16 à 18 ; (2) Philip Mantle, in *MUFON UFO Journal*, août 1995, pp. 3 à 7.

14. Pierre Lagrange, « Extraterrestres : la grande arnaque », *op. cit.*, p. 93.

15. « Roswell Declaration », International Roswell Initiative, 3105 Gables Drive, Atlanta, Georgia, 30 319, U.S.A. (traduction française in *Lumières dans la nuit*, n° 322, B.P. 3, 77 123, Le Vaudoué).

16. Kent Jeffrey, « The Purported 1947 Roswell Film », in *MUFON UFO Journal*, juin 1995.

17. Le biologiste Michael Denton, par exemple, a signalé la ressemblance frappante qui rapproche le loup placentaire (mammifère) du loup marsupial de Tasmanie.

18. Deux ouvrages remarquables présentent ces idées. Ce sont, pour la théorie de l'évolution : Michael Denton, *Evolution : A Theory in Crisis*, Burnett Books, London, 1988 ; *Évolution, une théorie en crise*, Flammarion, Paris, 1992. Et, pour les théories des supercordes et les possibilités de « dépassement » de la vitesse de la lumière : Michio Kaku, *Hyperspace*, Oxford University Press, New York, 1994.

# Table

*Cet ouvrage composé*
*par D.V. Arts Graphiques 28700 Francourville*
*a été achevé d'imprimer sur presse Cameron*
*dans les ateliers de Brodard et Taupin*
*à La Flèche (Sarthe)*
*en octobre 1995*
*pour le compte des Presses du Châtelet*
*département éditorial de la SARL*
*Écriture-Communication*

*Imprimé en France*
N° d'édition : 4 – N° d'impression : 6403M-5
Dépôt légal : octobre 1995